Michael Hesemann

UFOs: Die Beweise

- Eine Dokumentation -

-Völlig überarbeitete und aktualisierte Neuauflage von "UFOs gibt es - Ein Memorandum an die Bundesregierung" Neuss (Hesemann) 1983-

-Erweiterte Neuauflage von "UFOs: Die Beweise", Göttingen und München (Hesemann) 1989

Repros: Reprojekt München * Druck: Printing Service Pohland, Augsburg
Printed in Germany

1. Auflage 1983 2. Auflage 1989 3. Auflage 1990
4. Auflage 1990 5., erweiterte Neuauflage 1991

Danksagung:

Für die freundliche Unterstützung bei der Erstellung dieser Dokumentation danke ich:
Michael APPEL, Essen; Anny BAGUHN, Hamburg; Johannes Freiherr von BUTTLAR-BRANDENFELS, Bartenstein; Helmut CHODAN, Hammersbach; Axel ERTELT, Halver; Dipl.-Ing. Adolf GEIGENTHALER, Ottobrunn; Ilse von JACOBI, München; Ursula JAHNKE, Düsseldorf; StD. Karl MAIER, Keltern-Weiler (+); Herbert MOHREN, Düsseldorf; Rolf TOBISCH, Frankfurt, Karl L. und Anny F. VEIT, Wiesbaden, Robert YAZAR, München (sowie) Austria: Karl GRÜN, Helmut HAYEK, Felix MASCHEK, Claudia URBANEK, Wien; Dänemark: Major a.D. Hans C. PETERSEN, Balling; Finnland: Hiroshi MASUDA, Helsinki; Frankreich: Henry DURRANT, Nina und Cosma HAGEN, Paris; Großbritannien: Mark Ian und Graham BIRDSALL, Leeds, The Hon. Brinsley Le Poer Trench, EARL OF CLANCARTY, London; Police Sergeant ret. Anthony DODD, Skipton; Timothy GOOD, London; Kanada: Capt. Arthur BRAY, Ottawa; Ursula ESSIG, Islington; Schweiz: Mirelle CAMPBELL, Zürich; Adolf und Inge SCHNEIDER, Thun; Rudi SUTTER, Zürich; Sowjetunion: Sergei BULANTSEV, TASS/Moskau; Viktor KASTRIKIN, Nalchik; Prof. Aleksandr S. KUSOVKIN, Akademie der Wissenschaften, Moskau; Arvid MORDVIN-CHODRO, Vors. Kommission für Anomale Phänomene der Geographischen Gesellschaft der UdSSR, Leningrad; Jury RYLKIN, Polytechn. Institut, Tomsk; Col. Dr. Marina POPOVICH, AdW, Moskau; Dr. Thales SHONYA, AdW der Georgischen SSR, Tblissi; Valerii UVAROV, Leningrad; Spanien: Juan José BENITEZ, Barcelona; Francisco PADRON BOLANES, Sta. Cruz, Teneriffa; Dr. Francisco PADRON LEÓN, Guia, Gran Canaria; Südafrika: Capt. Henry G., Pretoria; Vereinigte Staaten: Major ret. Virgil ARMSTRONG, Sedona; Larry BRYANT, Arlington; Lucius FARISH, Plumerville; Nukl.-Phys. Stanton FRIEDMAN, Fredericton; Antonio HUNEEUS, New York; Prof. Jack KASHER, Omaha; Yolanda V. MACKAY, Pete MAZZOLA, SBI (+), New York; William L. MOORE, Burbank; Ing. William H. SPAULDING, GSW/Phoenix; Fred STECKLING, Vista; Lt. Col. USAF ret. Wendelle C. STEVENS, Tucson; Leonard STRINGFIELD, Cincinatti; Lauren SERNA, Venice; Dr. Fred und Frauke BELL, Laguna Beach; Richard GREEN, Encino; Major a.D. Colman S. VonKEVICZKY, MMSE, Dir. of ICUFON, New York.

Quellen:

der veröffentlichten Regierungsdokumente:

USA: Offiziell freigegeben im Rahmen des Freedom of Information Act:
S. 12-14, 29, 37, 54-59, 66-69, 74, 76, 77, 79-81, 116
Offizielle Dokumente/Stellungnahmen vor 1977:
S. 18, 32, 34, 57-59, 67
Regierungsdokumente, die von "undichten Stellen" UFO-Forschern zugespielt wurden:
S. 43-49, 59, 82-85, 92-97, 101, 102, 105-114

Offiziell freigegebene Dokumente und Erklärungen anderer Staaten:

S. 5 (BRD), 6 (Österreich), 8-9 (Großbritannien), 16 (Brasilien), 25 (Sowjetunion), 36 (Kanada), 58-59 (GB), 60-61 (BRD), 69-71 (Spanien)

Titelfoto: Mit freundlicher Genehmigung von QUEST International, GB

Für weitere Informationen:

ETCON Int. - Internationales Netzwerk für Extraterrestrische Kontakte (Int. Network for Extraterrestrial Contact)
Michael Hesemann (europ. Koordinator)
Preysingstraße 11, D-8000 München 80

Bitte berichten Sie uns über Ihre UFO-Erlebnisse für unsere geplante Dokumentation "UFOs über Deutschland". Insbesondere sind wir an deutschen UFO-Fotos interessiert!

INHALT:

"EIN KONTAKT MIT DEN WESEN EINER ANDEREN WELT KÖNNTE FURCHTBARE FOLGEN HABEN, WENN WIR NICHT DARAUF VORBEREITET SIND."

-Irwin PIKUS, stellv. Direktor
Abtlg. für Weltraumangelegenheiten
des U.S. Außenministeriums

UFOs: DIE BEWEISE

-Eine Dokumentation-

beweist, daß unser Planet seit 42 Jahren von Vertretern galaktischer Zivilisationen besucht wird, deren Schiffe als "UFOs" oder "fliegende Untertassen" weltweit beobachtet wurden.

zeigt sinnvolle Wege einer Kontaktaufnahme von Seiten der Erdbevölkerung in der Erwartung, daß uns diese offenbar friedlichen, höherentwickelten außerirdischen Rassen bei der Lösung globaler Probleme "Entwicklungshilfe" geben können.

Einleitung

Vor sechs Jahren, 1983, haben wir in einer einzigartigen Aktion die Regierungen der BR Deutschland und Österreichs dazu aufgefordert, endlich Schritte zur Lösung eines Problems einzuleiten, das nicht nur immer wieder auf das Interesse der Bevölkerung stößt, sondern auch der Schlüssel zur Lösung der derzeitigen Weltprobleme sein kann: Des seit 1947 fast ununterbrochenen Einfluges "unbekannter Flugobjekte" offenbar intelligenter Steuerung in den irdischen Luftraum.

Damals haben wir in unserer ersten Dokumentation "UFOS GIBT ES - Ein Memorandum an die Bundesregierung" anhand authentischer Fotografien und der freigegebenen Dokumente westlicher Regierungen und Steitkräfte nachgewiesen, daß

a/ Das UFO-Problem existiert, UFOs ein weltweites Problem sind, das sich nicht auf konventionelle Weise lösen läßt;

b/ Diese Angelegenheit unter höchster Geheimhaltungsstufe von den Regierungen und Streitkräften der NATO-Staaten, des Warschauer Paktes und anderer Nationen studiert wird;

c/ Zahllose Angriffe irdischer Abfangjäger gegen diese offensichtlich friedlichen Besucher aus einer anderen Welt unter dem Motto "Konfrontation statt Kooperation" eine latente Gefahr darstellen;

d/ Eine sofortige öffentliche amtliche Untersuchung des Phänomens und eine eventuelle Kontaktaufnahme mit den sich dahinter verbergenden Intelligenzen eine lebenswichtige Aufgabe der Völkerfamilie sein könnte.

Seitdem sind durch die Freigabe weiterer Regierungsdokumente und Geheimakten dank der weltweiten Initiativen der UFO-Forscher und durch Indiskretionen aus Militär- und Geheimdienstkreisen weitere Beweise für obige Feststellungen erbracht worden.

Darum entschieden wir uns, nachdem die erste Auflage unseres 1983 erschienenen Memorandums "UFOs GIBT ES" jetzt vergriffen ist, zu einer völlig überarbeiteten Neuauflage. Das in den letzten Jahren zusammengekommene Beweismaterial ist derart überwältigend, daß wir heute folgende Tatsachen als gegeben annehmen können:

1/ Das UFO-Phänomen existiert. Objekte, deren Herkunft nicht identifiziert werden konnte, die sich aber in ihren Grundcharakteristiken gleichen, sind in den letzten 42 Jahren rund um den Globus von Menschen aller Berufsgruppen, gesellschaftlichen Schichten, Rassen, Religionen und Bildungsstufen beobachtet worden. Zu den Zeugen gehören professionelle Beobachter wie Astronomen, zivile und Militärpiloten, Fluglotsen und Astronauten. Alle beobachteten Charakteristiken weisen darauf hin, daß es sich bei den UFOs um intelligent gesteuerte Vehikel einer Superzivilisation handelt.

2/ Für die es studierenden Regierungen und Streitkräfte ist das UFO-Problem von immenser Bedeutung. Es stand unter der höchsten Geheimhaltungsstufe und wurde von hochqualifizierten Expertengruppen untersucht, während gleichzeitig "Scheinuntersuchungen" mit negativen Ergebnissen (wie Projekt Bluebook und die Condon-Studie in den USA) die Öffentlichkeit täuschen und beruhigen sollten.

3/ Diese Flugkörper sind die Vehikel nichtirdischer Intelligenzen humanoider Gestalt, die mit klaren Absichten und Interessen zur Erde kommen. Ihr häufiges Auftreten über militärischen Installationen, speziell über Atomwaffenbasen, -lagern und -testgeländen und der Zeitpunkt ihres ersten massenhaften Auftretens zwei Jahre nach den ersten Atombombenversuchen deuten darauf hin, daß ihr Kommen etwas mit dem Eintritt der Erde in das Atomzeitalter zu tun hat. Die US-Regierung ist in Besitz verschiedener Wracks abgestürzter UFOs samt der Leichen ihrer Insassen und versuchte, diese nachzubauen. UFO-Landungen, sogar mit friedlicher Kontaktaufnahme seitens der Fremden, fanden bereits auf amerikanischen, britischen und spanischen Luftwaffenbasen statt.

4/ Tausende Zivilisten sind bereits von den Außerirdischen kontaktiert und zum Vehikel ihrer Botschaft gemacht worden. Sie teilten mit, daß sie in friedlicher Absicht hier seien, bereit, um der Menschheit bei der Überwindung globaler Krisen zu helfen.

Während wir mit dem Memorandum von 1983 offene UFO-Studien durch die Regierungen und die Vereinten Nationen forderten -und zumindest in Bonn auf taube Ohren stießen, wie Sie den folgenden Seiten entnehmen können- gehen wir jetzt einen Schritt weiter.
Wir glauben, daß die Zeit schon zu weit fortgeschritten ist, um noch jahrelang Beweise für etwas zu sammeln, das längst bewiesen ist. Die Regierungen haben in der UFO-Frage versagt. Nicht nur in ihrer Unfähigkeit, adäquat auf das Auftreten der UFOs zu reagieren, sondern auch durch ihr völliges Versagen in der Lösung globaler Probleme wie Ozonloch, Treibhauseffekt, Wäldersterben und der Verseuchung der Elemente haben sie bewiesen, daß sie längst nicht mehr die Interessen der Menschen vertreten, sondern nur noch ein System aufrechterhalten, das eigentlich längst überholt ist. Darum ist es jetzt an der Zeit, daß die mündigen, "anonymen Erdlinge" die Initiative ergreifen. Darum rufen wir jetzt alle mündigen Bürger dieses Planeten auf:

> MACHT ENDLICH DEN NÄCHSTEN SCHRITT, NEHMT ENDLICH OFFENEN KONTAKT MIT DEN AUSSERIRDISCHEN ZIVILISATIONEN AUF, DIE OFFENBAR NUR HIER SIND, UM UNS, DER MENSCHHEIT DER ERDE, IN DER GRÖSSTEN KRISENZEIT DER GESCHICHTE HILFREICH IHRE HAND ENTGEGENZUSTRECKEN!

Wagen wir als Gesamtmenschheit den nächsten Schritt in unserer Evolution: die Kontaktaufnahme mit anderen Menschheiten, die Eingliederung unserer Spezies und unserer Welt in die große galaktische Familie der bewohnten Planeten.

München, im Juni 1989

Michael Hesemann

Bonn: Für UFOs keine Anzeichen

Am 30.6.1983 erhielt die deutsche Bundesregierung unser damaliges Memorandum "UFOs gibt es!". Persönliche Briefe gingen an alle zuständigen Ministerien.

"Verfolgt man die politische Diskussion der letzten Monate, so war auffallend, welch dominierende Rolle auch im Bundestag der Sicherheitspolitik eingeräumt wurde. (...) Was mich jedoch ein wenig befremdet, ist, wie wenig anscheinend einem Phänomen in unserem Luftraum Beachtung geschenkt wird, das sporadisch gerade über den strategischen Schlüsselpunkten der Bundesrepublik auftaucht und von Zivilisten wie Militärs beobachtet wurde. Ich frage Sie: Kann es sich unser kleines Land, das an der Grenze der beiden Machtblöcke liegt, überhaupt ERLAUBEN, diese offensichtlich hundertfach begangenen illegalen Einflüge unidentifizierter Flugobjekte mit unbekannter Intention stillschweigend zu ignorieren?"

schrieb Michael HESEMANN an Bundeskanzler Dr. Helmut KOHL.

Ziel dieser provokativen Kampagne war es, Bonn in der UFO-Frage da zu packen, wo es zuständig ist: Denn natürlich ist das Auftreten der UFOs über der Bundesrepublik auch ein Problem der Luftraumsicherung. Tatsächlich hatte der damalige bayrische Ministerpräsident und CSU-Vorsitzende Dr. Franz Josef STRAUSS nur wenige Monate zuvor auf eine Frage des österreichischen Journalisten Reinhard HABECK geantwortet:

"Eine staatlich beauftragte Untersuchungsstelle für UFO-Beobachtungen ist vorstellbar, sinnvoll und bestimmt zielführend. Eine solche Studie sollte am besten mit den Einrichtungen der Luftverteidigung zusammenarbeiten."

Trotzdem fühlte man sich in Bonn nicht zuständig.

"Die Sicherung im Luftraum der Bundesrepublik Deutschland ist durch die Kräfte der integrierten NATO-Luftverteidigung hinreichend gewährleistet; Ihrem Vorwurf der Ignoranz kann ich daher nicht folgen. Im übrigen versichere ich Ihnen, daß es Geheimnisse 'in Sachen UFO' im Bundesministerium der Verteidigung nicht gibt.",

teilte uns der Bundesminister für Verteidigung am 12. Juli 1983 mit. Weitere Antworten aus Bonn spiegeln die Ignoranz der Bundesregierung nur zu drastisch wider:

Bundeskanzleramt, 12. Juli 1983: "Der Herr Bundeskanzler hat mich gebeten, Ihnen für Ihr Schreiben vom 30. Juni 1983 und die Übersendung des Memorandums zu danken. Ihre Ausführungen zu den unbekannten Flugobjekten sind mit Interesse zur Kenntnis genommen worden."

Der Bundesminister für Verkehr, 15. Juli 1983: "...eine Bearbeitung von UFO-Angelegenheiten (ist) im Geschäftsverteilungsplan meines Hauses nicht vorgesehen und (findet) somit auch in personeller Hinsicht keine Berücksichtigung."

Der Bundesminister der Finanzen, 8. Juli 1983: "Herr Minister Dr. Stoltenberg läßt Ihnen für Ihr Schreiben vom 30. Juni 1983 und das übersandte Memorandum bestens danken. Er hat die Schrift mit größtem Interesse gelesen und begrüßt es, daß Sie sich der Mühe unterzogen haben, das umfangreiche Material einmal zusammenzustellen. Er wird sicher darauf zurückgreifen, wenn sich Anknüpfungspunkte für das Bundesfinanzministerium ergeben."

Fraktion der SPD, 22.7.1983: "Wir haben das Material mit großem Interesse gelesen und reichen es zur Information an unseren Arbeitskreis SICHERHEITSPOLITIK weiter."

Ebenfalls am 30. Juni 1983 und erneut am 5. September 1983 reichten wir das Memorandum mit seinen o.g. Forderungen beim PETITIONSAUSSCHUSS DES DEUTSCHEN BUNDESTAGES ein. Der Petitionsausschuß bat das Bundes-Verteidigungsministerium um eine Stellungnahme, die am 8. Dezember 1983 einging:

Der Bundesminister der Verteidigung
B/RüFo
RüFo 2 - Az 71-01-01

Bonn, 8. Dezember 1983
☎ (0228) 12- 42 14

Deutscher Bundestag
Petitionsausschuß
Bundeshaus

5300 Bonn 1

Deutscher Bundestag
Petitionsausschuß
9. DEZ. 1983

Betr.: Eingaben des Herrn Michael Hesemann, Neuss, vom 30. Juni und 5. September 1983;
hier: Stellungnahme

Bezug: Deutscher Bundestag, Petitionsausschuß, Pet 2-10-14-964-3143 a vom 15. Nov. 1983

Anlage

Zum o.a. Bezug nehme ich wie folgt Stellung:

Für die Existenz von UFOs gibt es keine stichhaltigen Anzeichen. Die zahlreichen "Sichtungen" finden in der Regel eine natürliche Erklärung. Wenn sich eine Sichtung nicht erklären läßt, so ist diese aber immer noch kein Beweis für die Existenz von UFOs. Angebliche UFOs haben sich bis jetzt nur dadurch manifestiert, daß sie "gesichtet" wurden, sonst aber offensichtlich keinen Schaden anrichten. Deshalb stellen UFOs aus ihrer vermeintlichen Existenz heraus keine Bedrohung für die Bundesrepublik Deutschland oder andere dar.

Aus diesem Grund sehe ich keinen Anlaß für irgendwelche Aktivitäten zur Aufklärung der Problematik entsprechend der Forderung des Petenten.

Im Auftrag
Dr. Meisel

Postanschrift: Postfach 1328 5300 Bonn 1 | Telefon Vermittlung (0228) 12-1 | Telex 0886575 | Telefax (0228) 12-5357 | Paketanschrift: Paketausgabe 5300 Bonn 7

0133/10.80

EINE GANZ ANDERE REAKTION erhielten die österreichischen UFO-Forscher Karl GRÜN und Helmut HAJEK, als sie -parallel zu uns- die selbe Aktion in unserem Nachbarland durchführten.
Tatsächlich bestätigte das österreichische BUNDESMINISTERIUM FÜR LANDESVERTEIDIGUNG mit Schreiben vom 25. Juli 1983 "Neutralitätsverletzungen durch extraterrestrische Fahrzeuge" und bat die UFO-Forscher um weitere Informationen...

REPUBLIK ÖSTERREICH
BUNDESMINISTERIUM
FÜR LANDESVERTEIDIGUNG
Büro für Wehrpolitik

WIEN, 25. Juli 1983

Sehr geehrter Herr GRÜN !

Die von Ihnen dargestellten Fälle der UFO-Sichtung in ÖSTERREICH sind uns aus den Medien sehr wohl bekannt. Geeignete Dienststellen des Ressorts wurden eingeschaltet, eine Verifizierung war aber leider noch nicht möglich. Darüber hinaus entnahmen wir verschiedenen Filmen gewisse Anregungen (Begegnung der Dritten Art, ET ...).

Wir setzen große Hoffnungen in die vollständige Inbetriebnahme des Überwachungssystems Goldhaube, wodurch wir erwarten, auch diesen Erscheinungen vermehrtes Augenmerk beimessen zu können.

Die eventuelle Erkennung von UFO´s aufgrund von Radarechos allein wird uns noch nicht sehr viel weiterhelfen. Erst die geeigneten fliegerischen Mittel ("Abfangjäger") dürften das ÖBH in die Lage versetzen, eine klare Identifizierung vorzunehmen. Damit wird auch diese neutralitätspolitische Lücke geschlossen werden. Wir dürften dann doch, soweit es die geographische Enge des österr. Territoriums zuläßt, in der Lage sein, auch Neutralitätsverletzungen durch extraterrestische Fahrzeuge zu identifizieren und geeignet erscheinende Maßnahmen zu setzen.

Wir glauben jedoch als Angehörige eines friedlichen, neutralen Landes keine Veranlassungen sehen zu müssen, um a priori zu solchen Mitteln greifen zu müssen, die von den Lenkern dieser extraterrestischen Fahrzeuge als feindselig empfunden werden könnten. Der erste Schritt wäre wohl die Verbindungsaufnahme, am Besten durch die dafür vorgesehenen Institution des Bundesministeriums für Auswärtige Angelegenheiten.

Wir erlauben uns Sie zu ersuchen, uns über weitere, interessante Ereignisse aus dem Bereich der Dritten Art zu informieren.

Wir hoffen, Ihnen eine befriedigende Auskunft gegeben zu haben und verbleiben mit besten Grüßen

Pucher, Mjr
(PUCHER, MjrdG)

Herrn
Karl GRÜN
[redacted] WIEN

Tatsächlich lud der damalige österreichische Bundespräsident KIRCHSCHLÄGER am 17. Oktober 1983 GRÜN und HAJEK sowie die international bekannten UFO-Experten Major Colman VonKEVICZKY, USA und NATO-Major Hans PETERSEN, Dänemark zu einer 90-minütigen Unterredung in die Wiener Hofburg. Am 18. Oktober 1983 hielt VonKEVICZKY auf Empfehlung von GRÜN und HAJEK ein zweistündiges Referat vor Offizieren des österreichischen Generalstabs.

Internationale UFO-Experten beraten Österreichs Ex-Präsidenten Kirchschläger

Dabei ist Österreich nicht das einzige europäische Land, das sich offen in der UFO-Frage gibt.
Nur einige Beispiele:

SPANIEN:
Am 20. Juli 1976 gab das spanische Luftwaffenministerium dem Journalisten J.J.BENITEZ eine offizielle Dokumentation von 12 UFO-Fällen, darunter UFO-Landungen auf Armeegelände, frei.
Im Juli 1983 stand das Thema auf der Tagesordnung des Madrider Parlaments. Die Konservative Partei hatte es auf die Tagesordnung gesetzt, um damit Lücken in der Luftraumüberwachung aufzuzeigen. Im April 1989 erklärten Militärs und Regierungsbeamte erstmals im spanischen Fernsehen, daß bereits UFO-Landungen und Begegnungen mit Außerirdischen in Spanien stattgefunden haben.

FRANKREICH:
Am 21. Februar 1974 erklärte Frankreichs Verteidigungsminister Robert GALLEY in einem Interview mit FRANCE INTER, daß sein Ministerium bereits 1954 eine UFO-Untersuchungsstelle eingerichtet hat. Die Existenz der UFOs sei heute, so erklärte er wörtlich, eine "unwiderlegbare Tatsache". Frankreichs Gendarmerie sei mit der Registrierung und Untersuchung von UFO-Meldungen beauftragt worden. 1977 gründete CNES, das "Nationale Zentrum für Weltraumforschung" -Frankreichs NASA- seine Abteilung GEPAN, die "Studiengruppe für unidentifizierte Luftphänomene", die seitdem über 15.000 Sichtungsberichte sammelte, darunter auch UFO-Landungen.

ITALIEN:
Im März 1978 gab das italienische Verteidigungsministerium sechs Berichte von UFO-Sichtungen durch militärisches Personal aus dem Jahre 1977 frei. Auch wurde bekannt, das das Verteidigungsministerium ein "UFFICIO X", ein UFO-Untersuchungsbüro, unterhält.

GRIECHENLAND:
1978 informierte der griechische Verteidigungsminister E. Averoff TOSITAS den NATO-Generalstab darüber, daß die UFO-Operationen eine potentielle Gefahr für die NATO-Luftverteidigung darstellen. Der Minister empfahl "eine sofortige Untersuchung über Ursprung und Identität dieser unbekannten Phänomene im Luftraum ... Ich zweifle nicht länger daran, daß UFOs real sind."

GROSSBRITANNIEN:
Bereits am 11. Juli 1954 erklärte Englands Luftmarschall Lord DOWDING,

daß er überzeugt sei, "daß diese Objekte existieren und daß sie nicht von irgendeiner irdischen Nation hergestellt werden". Die Londoner REYNOLDS NEWS berichtete am 16. Juni 1957, "alle Luftwaffenstützpunkte Großbritanniens halten Kampfflieger bereit, um unidentifizierte Flugobjekte im Luftraum abzufangen". Eine UFO-Landung auf seinem Land überzeugte den britischen Admiral der Flotte und Stabschef der Verteidigung, Earl MOUNTBATTEN of Burma, von der ausserirdischen Herkunft der UFOs. "Es sind die Bewohner anderer Planeten", erklärte er in einem Brief an UFO-Forscher Timothy GOOD. Wie 1957 bekannt wurde, hat das britische Verteidigungsministerium seit 1947 einen speziellen UFO-Untersuchungsausschuß, der -wie die Recherchen von Jenny RANDLES 1984 ergaben- offenbar noch heute existiert.

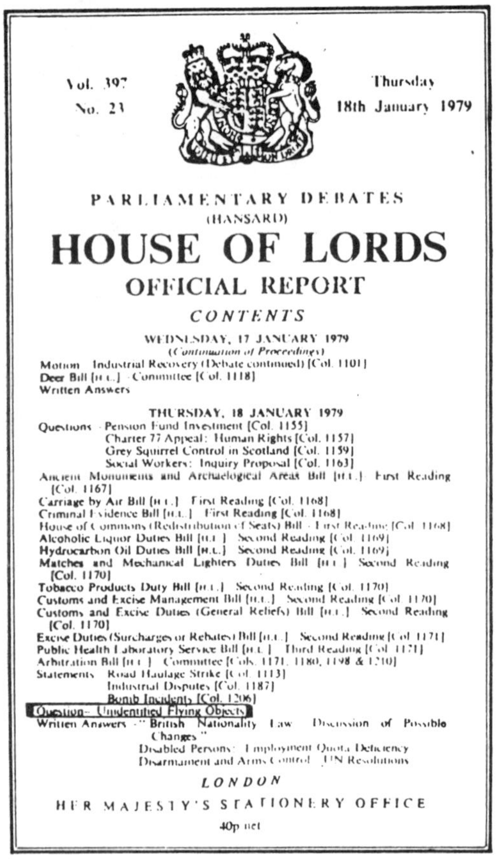
Vol. 397 No. 23

Thursday 18th January 1979

PARLIAMENTARY DEBATES
(HANSARD)

HOUSE OF LORDS
OFFICIAL REPORT

CONTENTS

WEDNESDAY, 17 JANUARY 1979
(Continuation of Proceedings)

Motion – Industrial Recovery (Debate continued) [Col. 1101]
Deer Bill [H.L.] – Committee [Col. 1118]
Written Answers

THURSDAY, 18 JANUARY 1979

Questions – Pension Fund Investment [Col. 1155]
Charter 77 Appeal: Human Rights [Col. 1157]
Grey Squirrel Control in Scotland [Col. 1159]
Social Workers: Inquiry Proposal [Col. 1163]
Ancient Monuments and Archaelogical Areas Bill [H.L.] – First Reading [Col. 1167]
Carriage by Air Bill [H.L.] – First Reading [Col. 1168]
Criminal Evidence Bill [H.L.] – First Reading [Col. 1168]
House of Commons (Redistribution of Seats) Bill – First Reading [Col. 1168]
Alcoholic Liquor Duties Bill [H.L.] – Second Reading [Col. 1169]
Hydrocarbon Oil Duties Bill [H.L.] – Second Reading [Col. 1169]
Matches and Mechanical Lighters Duties Bill [H.L.] – Second Reading [Col. 1170]
Tobacco Products Duty Bill [H.L.] – Second Reading [Col. 1170]
Customs and Excise Management Bill [H.L.] – Second Reading [Col. 1170]
Customs and Excise Duties (General Reliefs) Bill [H.L.] – Second Reading [Col. 1170]
Excise Duties (Surcharges or Rebates) Bill [H.L.] – Second Reading [Col. 1171]
Public Health Laboratory Service Bill [H.L.] – Third Reading [Col. 1171]
Arbitration Bill [H.L.] – Committee [Cols. 1171, 1180, 1198 & 1210]
Statements – Road Haulage Strike [Col. 1113]
Industrial Disputes [Col. 1187]
Bomb Incidents [Col. 1206]
Question – Unidentified Flying Objects
Written Answers – "British Nationality Law – Discussion of Possible Changes"
Disabled Persons: Employment Quota Deficiency
Disarmament and Arms Control – UN Resolutions

LONDON

HER MAJESTY'S STATIONERY OFFICE

40p net

UFOs auf der Tagesordnung des britischen Oberhauses, 18.1.1979

Am 18. Januar 1979 stand das UFO-Thema auf der Tagesordnung des britischen Oberhauses.
Einige Zitate aus der dreieinhalb-stündigen Debatte:

Der Earl of CLANCARTY;

"Ist es nicht an der Zeit, daß die Regierung Ihrer Majestät die Öffentlichkeit darüber informiert, was sie über UFOs weiß? Die UFOs kommen in steigender Anzahl seit dem Krieg, und ich denke, es ist an der Zeit, unserem Volk die Wahrheit zu sagen. (...) Wie wir wissen, nehmen Sichtungen und Landungen kontinuierlich zu. Stellen Sie sich vor, die UFOnauten entscheiden sich morgen zu einer Massenlandung in diesem Land - es könnte dabei sehr wohl zu einer Panik kommen, da unser Volk nicht darauf vorbereitet wurde."

Der Earl of KIMBERLEY, Luftfahrtexperte der Liberalen:

"Es gibt Berichte darüber, daß die USA und die UdSSR 1971 einen Vertrag unterschrieben, UFO-Informationen auszutauschen, aber den Rest der Welt im Dunkeln zu lassen. Ich glaube, der Vertrag wurde unterschrieben, damit keine der Großmächte den Fehler macht, UFOs für Atomraketen zu halten. (...)
Zehn Regierungen haben nun öffentlich zugegeben, daß UFOs existieren und real sind: Frankreich, Norwegen, Schweden, Brasilien, Argentinien, Venezuela, Mexiko, die Phillipinen, Peru und Grenada. Andere Regierungen wissen, daß UFOs existieren, geben dies aber nicht öffentlich zu."

NATO:
Bereits 1961 hatte General L. M. CHASSIN/Frankreich, der damalige NATO-Koordinator der Luftverteidigung, erklärt:
"Fliegende Untertassen sind für uns von größter Wichtigkeit. Ich habe gefordert, daß die Regierungen die Initiative ergreifen, und anstatt diejenigen lächerlich zu machen, die an Untertassen glauben, Untersuchungskommissionen einsetzen, und zwar in so vielen zivilisierten Ländern wie möglich. Wir müssen uns bemühen, daß die Verschweigungsverschwörung nicht Nachrichten über Phänomene von höchster Wichtigkeit unterdrückt. Denn das hätte Konsequenzen, die unberechenbar für die gesamte menschliche Rasse sein könnten."

Excerpts: (Consult House of Lords, Official Report pages 1246-1316)

UNIDENTIFIED FLYING OBJECTS

7.7 p.m.

The Earl of CLANCARTY: My Lords,

Now, I will mention one or two of the more impressive sightings since the war. On the 29th June, 1954, a BOAC Boeing stratocruiser " Centaurus " had taken off from New York for London. Dinner had been served. The time was just after sunset when the skipper, Captain James Howard, first sighted the UFOs. Some of the passengers by then were asleep. There was one big object with six smaller ones. Captain Howard pointed them out to his co-pilot, First Officer Lee Boyd, who flew with the famous Pathfinder force in World War II. The objects were five miles from the " Centaurus ". They stayed parallel with the aircraft for 80 miles. From time to time the big object appeared to change shape. The radio officer checked with Goose Bay, Labrador, to see if any other aircraft were in the area and was told, No. Goose Bay sent a fighter up to investigate. All the crew saw the objects. Just before the fighter arrived, the objects began to disappear, and it seemed that the smaller ones went inside the large one. Altogether, a crew of eight and 14 of the 51 passengers saw the UFOs.

In November 1975, at Strategic Air Command Bases in Michigan, Montana, North Dakota and Maine, a number of UFOs were sighted over a 13 day period. Several were hovering near nuclear weapons storage areas. When interceptor planes were sent up to investigate, the UFOs dimmed their lights and became invisible.

There is, however, one country which can be relied upon to take a line independent from others over many matters, and UFOs proved to be no exception. In February, 1974, the then French Minister of Defence, M. Robert Galley, was interviewed entirely about UFOs on France-Inter radio station. M. Galley stated that the UFOs were real but admitted that it was not known where they came from. He said that since 1954, there had been a unit in the French Ministry of Defence collecting UFO reports. Some of this material was sent to the National Centre for Space Studies in Toulouse, the French equivalent of the American NASA. Many UFOs have been seen over the Soviet Union. In July, August, September and October 1967, for instance, giant space ships were seen over various parts of the USSR by astronomers and other witnesses. On 10th November of that year, it was announced that there was to be a full investigation of UFOs. This was announced on Russian television. The operation was to be headed by Major General Anatoly Stolyerov, with Doctor Zigel as Number Two. Thousands of UFO cases were to be analysed by scientists and Soviet Air Force officers. However, the Russian Academy for Sciences came down hard on the new UFO group and on 27th February, 1968, *Pravda* published the official attitude of the authorities, and the cover-up was on.

Is it not time that Her Majesty's Government informed our people of what they know about UFOs? The UFOs have been coming in increasing numbers for 30 years since the war, and I think it is time our people were told the truth. We have not been invaded from outer space. Most incidents have not been hostile. Indeed it is us, the earthlings, who have fired on them. There may have been a few allegedly hostile incidents, but I maintain that if there is a disturbing element in a phenomenon which is pretty friendly on the whole, we should be told the truth.

Another thing: it is on record that both sighting and landing reports are increasing all the time. Just suppose the ufonauts decided to make mass landings tomorrow in this country—there could well be panic here, because our people have not been prepared.

7.38 p.m.

The Earl of KIMBERLEY: My Lords, Sir Bernard Lovell from Jodrell Bank, who says that UFOs do not exist, we must agree that they do, because otherwise there would be no unidentified flying objects. Furthermore, we should not have throughout the world radio telescopes listening to try to pick up signals from intelligences in outer space.

It has been reported that the United States and the USSR signed a pact in 1971 to swop UFO information, but the pact stated that they were to keep the rest of the world in the dark. I believe that the pact was signed so that neither super-Power would make mistakes about UFOs being atomic missiles. I am also led to understand that quite recently the three United States balloonists who crossed the Atlantic were followed for up to 12 hours by UFOs but were ordered by United States Government agents not to discuss them.

We know that war in space, once a figment of the imagination and a subject much beloved by science fiction writers, is very nearly a fact now. Both super-Powers have, or will have, killer satellites and laser beams operating in space. May I ask the noble Lord, Lord Strabolgi, whether he agrees that this may perhaps be one of the reasons for the reticence of the United States over being more forthcoming about their UFO information?

Project Blue Book became just a public relations exercise to not inform the public, despite numerous unidentified radar trackings and close approaches made by UFOs to both civil and military aircraft. The military staff in America said that, as there was no threat or danger, they were not interested in pursuing the subject any further. So Project Blue Book was abandoned.

This may be good enough to fob off the American public, but it is not good enough to fob off the British public. Too many people—ordinary people as well as famous people—have seen UFOs. Ten Governments now openly admit that UFOs exist and are real: France, Norway, Sweden, Brazil, the Argentine, Venezuela, Mexico, the Philippines, Peru and Grenada. Other Governments know that UFOs exist but do not admit it publicly. President Carter has personally seen a UFO.

7.55 p.m.

The Viscount of OXFUIRD: My Lords,

It has been suggested in this debate that our Government are involved in an alleged conspiracy of silence. I can assure your Lordships that the Government are not engaged in any such conspiracy. In view of what the noble Lord, Lord Gainford, said, I must emphasise that the Ministry of Defence examines any UFO reports received to establish whether they reveal anything of defence interest, but nothing in the reports examined has ever given cause to believe that they represent alien spacecraft.

10.10 p.m.

Lord STRABOLGI: My Lords, I should like to join with the noble Earl, Lord Cork and Orrery, in saying how grateful we are to the noble Earl, Lord Clancarty, for initiating this debate on UFOs.

If the suggestion of the noble Earl, Lord Clancarty, backed by the noble Earl, Lord Kimberley, is adopted—that is, that we should have a worldwide organisation—to look into this matter and to go further than we have ever done, why should we not be the leaders of it? It would twist science back into a new field. Is it possible that there is not merely another solar system in our galaxy, but that somewhere in one of the many galaxies in the expanding universe there are other places where these things could come from with their amazingly vast scientific knowledge? I personally see no valid reason why we must accept that at this time, but we should start working for it. If we had a worldwide organisation to try to control that, perhaps we should be able to solve many of the problems which face us today in the universe; and nothing could be better. Then we might possibly find the answer to our UFOs.

Es ist doch erstaunlich, daß die UFOs für fast jedes unserer Nachbarländer offenbar eine "ernste Angelegenheit" sind, daß fast alle NATO-Staaten über staatliche UFO-Untersuchungsstellen verfügen - nur nicht die BRD. Bundesdeutsche Ignoranz - oder Geheimhaltung? Wir wissen es nicht. Wir wissen nur, daß UFO-Fälle gelegentlich dem BKA (Bundeskriminalamt) gemeldet werden, wir sind informiert worden, daß eine geheime UFO-Untersuchungsstelle am Frankfurter Flughafen existieren soll (also doch!). Aber BONN schweigt. Wie lange noch?

SECRET

UFOs - Es gibt sie wirklich

USA: "Objekte in Scheibenform, so groß wie Flugzeuge"

Am 23. September 1947 schickte Lt. General Nathan F. TWINING, Stabschef aus dem 2. Weltkrieg und kommandierender General des von der U.S.-Luftwaffe mit den ersten Untersuchungen des UFO-Phänomens beauftragten AIR MATERIAL COMMAND (Wright Patterson AFB, Dayton/Ohio) die folgende Lageeinschätzung an Brigadegeneral George SCHULGEN im Pentagon. Es dauerte 30 Jahre, bis dieses einstige Geheimdokument der Öffentlichkeit freigegeben wurde. Sein Inhalt ist heute noch genauso gültig wie vor 42 Jahren. Unter dem Titel "AMC´s MEINUNG ÜBER DIE 'FLIEGENDEN SCHEIBEN'" erklärt einer der damals ranghöchsten Generäle der US-Luftwaffe, daß

"a. DAS PHÄNOMEN, VON DEM BERICHTET WIRD, REAL IST UND NICHT AUF EINBILDUNG ODER FIKTION BERUHT.

b. ES OBJEKTE SIND, UNGEFÄHR IN DISKUSFORM, DIE SO GROSS WIE GEWÖHNLICHE FLUGZEUGE ZU SEIN SCHEINEN. (...)"

Hq. AMC Form No. 10-514 (Rev 10 Sep 46) NND 760168 BAS 5-4-78 ~~SECRET~~ WF-L-7 JAN 47 300M

SAVE

HEADQUARTERS
AIR MATERIEL COMMAND

IN REPLY ADDRESS BOTH COMMUNICATION AND ENVELOPE TO COMMANDING GENERAL, AIR MATERIEL COMMAND, ATTENTION FOLLOWING OFFICE SYMBOL:

TSDIN

TSDIN/HMM/ig/6-4100
WRIGHT FIELD, DAYTON, OHIO

SEP 2 3 1947

SUBJECT: AMC Opinion Concerning "Flying Discs"

TO: Commanding General
Army Air Forces
Washington 25, D. C.
ATTENTION: Brig. General George Schulgen
AC/AS-2

1. As requested by AC/AS-2 there is presented below the considered opinion of this Command concerning the so-called "Flying Discs". This opinion is based on interrogation report data furnished by AC/AS-2 and preliminary studies by personnel of T-2 and Aircraft Laboratory, Engineering Division T-3. This opinion was arrived at in a conference between personnel from the Air Institute of Technology, Intelligence T-2, Office, Chief of Engineering Division, and the Aircraft, Power Plant and Propeller Laboratories of Engineering Division T-3.

2. It is the opinion that:

a. The phenomenon reported is something real and not visionary or fictitious.

b. There are objects probably approximating the shape of a disc, of such appreciable size as to appear to be as large as man-made aircraft.

c. There is a possibility that some of the incidents may be caused by natural phenomena, such as meteors.

d. The reported operating characteristics such as extreme rates of climb, maneuverability (particularly in roll), and action which must be considered evasive when sighted or contacted by friendly aircraft and radar, lend belief to the possibility that some of the objects are controlled either manually, automatically or remotely.

e. The apparent common description of the objects is as follows:-

(1) Metallic or light reflecting surface.

~~SECRET~~ U-39552

~~SECRET~~

Basic Ltr fr CG, AMC, WF to CG, AAF, Wash. D. C. subj "AMC Opinion Concerning "Flying Discs".

(2) Absence of trail, except in a few instances when the object apparently was operating under high performance conditions.

(3) Circular or elliptical in shape, flat on bottom and domed on top.

(4) Several reports of well kept formation flights varying from three to nine objects.

(5) Normally no associated sound, except in three instances a substantial rumbling roar was noted.

(6) Level flight speeds normally above 300 knots are estimated.

f. It is possible within the present U. S. knowledge — provided extensive detailed development is undertaken — to construct a piloted aircraft which has the general description of the object in subparagraph (e) above which would be capable of an approximate range of 7000 miles at subsonic speeds.

g. Any developments in this country along the lines indicated would be extremely expensive, time consuming and at the considerable expense of current projects and therefore, if directed, should be set up independently of existing projects.

h. Due consideration must be given the following:-

(1) The possibility that these objects are of domestic origin - the product of some high security project not known to AC/AS-2 or this Command.

(2) The lack of physical evidence in the shape of crash recovered exhibits which would undeniably prove the existence of these objects.

(3) The possibility that some foreign nation has a form of propulsion possibly nuclear, which is outside of our domestic knowledge.

3. It is recommended that:

a. Headquarters, Army Air Forces issue a directive assigning a priority, security classification and Code Name for a detailed study of this matter to include the preparation of complete sets of all available and pertinent data which will then be made available to the Army, Navy, Atomic Energy Commission, JRDB, the Air Force Scientific Advisory Group, NACA, and the RAND and NEPA projects for comments and recommendations, with a preliminary report to be forwarded within 15 days of receipt of the data and a detailed report thereafter every 30 days as the investi-

~~SECRET~~

-2- U-39552

~~SECRET~~

Basic Ltr fr CG, AMC, WF to CG, AAF, Wash. D.C. subj "AMC Opinion Concerning "Flying Discs"

gation develops. A complete interchange of data should be effected.

4. Awaiting a specific directive AMC will continue the investigation within its current resources in order to more closely define the nature of the phenomenon. Detailed Essential Elements of Information will be formulated immediately for transmittal thru channels.

N. F. Twining

N. F. TWINING
Lieutenant General, U.S.A.
Commanding

~~SECRET~~

-3- U-39552

AAG 000 GENERAL "C"

General Twining-Bericht vom 23. September 1947:

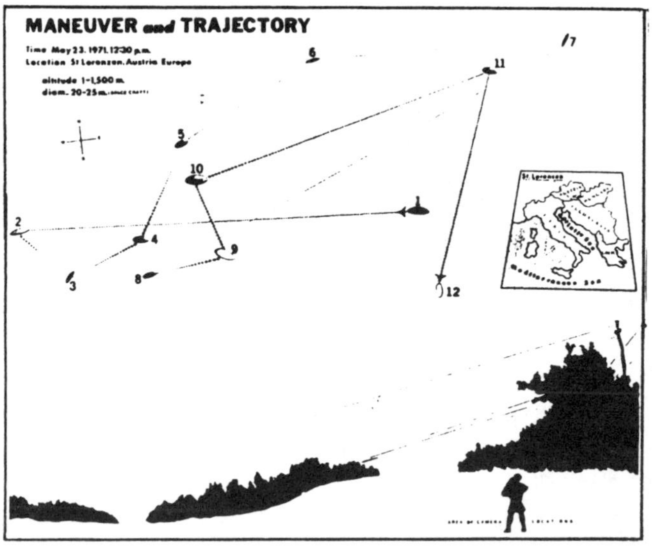

"... d. DIE BESCHRIEBENEN FLUG-CHARAKTERISTIKEN WIE DIE EXTREME STEIGLEISTUNG, MANÖVRIERFÄHIGKEIT (BESONDERS IN DER DREHUNG) ..."

Links: Rekonstruierte Flugbahn eines UFOs, das am 23. Mai 1971 von Ing. Rudi Nagora/München in St. Lorenzen/ Steiermark, Österreich fotografiert wurde. Deutlich erkennbar die UFO-typischen Zick-Zack-Manöver. Kein irdisches Flugzeug ist zu solchen abrupten Kursänderungen in der Lage.

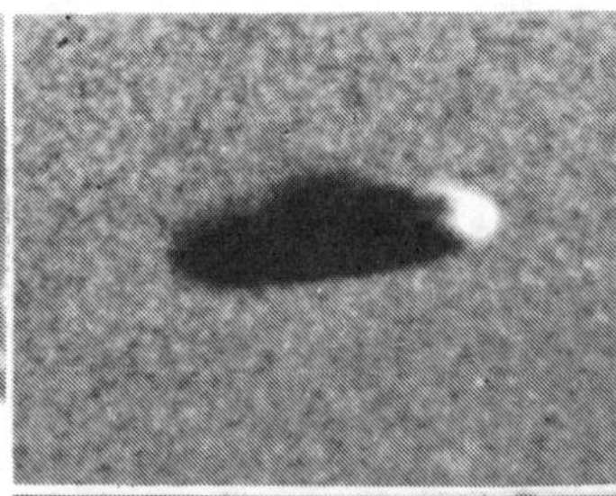
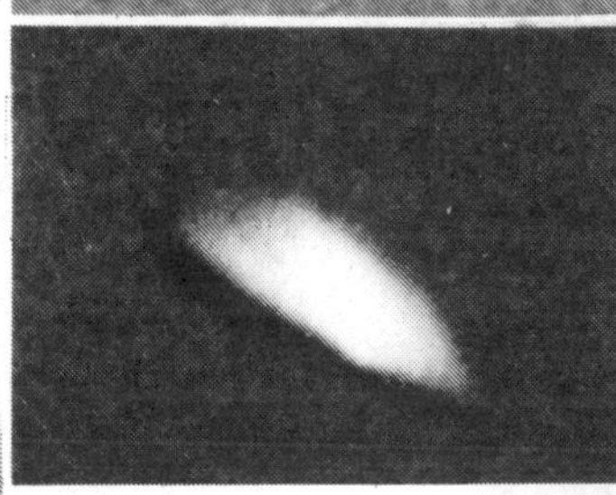
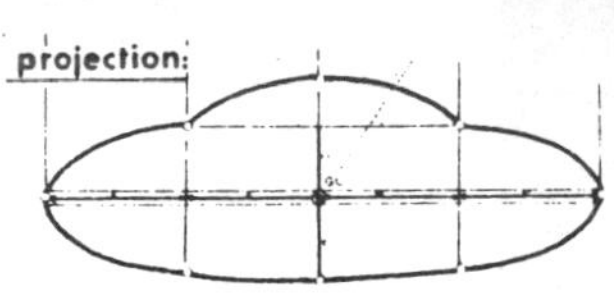

Datum: 23. Mai 1971, 12.30 Uhr
Ort: St. Lorenzen, Österreich
Kamera: AGFA-Click-1-Box
Belichtung: 1/50; Blende: 16
Film: Agfacolor CN 17

Entfernung des Objektes: 1000-1500 m.
OBJEKT - Durchmesser: 25 Meter
Höhe: 10 Meter
Kuppel: 2 Meter
Fotos: Archiv A. Geigenthaler

Eine "U"-Drehung in 1/3 Sekunde (5 Bilder) - gefilmt!

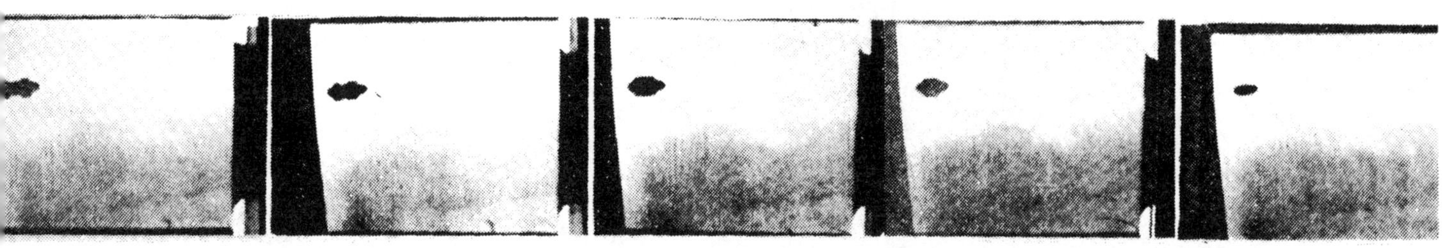

Datum: 2. April 1966, 8.20 Uhr - Zwischen Stafford und Nannock/England

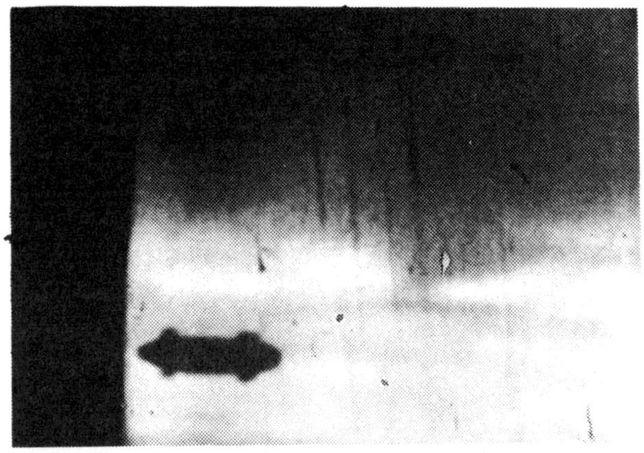

"... AUCH BEI KONTAKTEN ODER ORTUNGEN DURCH FREUNDLICH GESINNTE FLUGZEUGE..."

2. April 1966, 8.20 Uhr,
zwischen Stafford und Nannock/England
in 3000 Meter Höhe
an Bord der AMBASSADOR der British United Airlines
gefilmt von Joan und Thomas Oldfield
Kamera: Minolta Zoom 8mm
Film: Kodachrome II
Kamerageschwindigkeit: 18 Bilder/Sek.

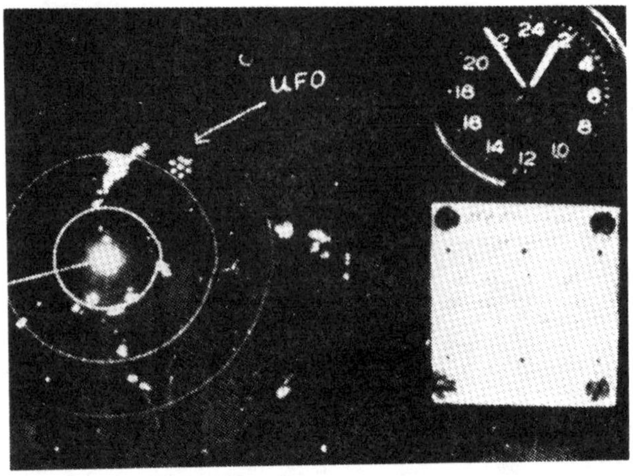

"... ODER AUF RADAR ALS AUSWEICHMANÖVER, DIE AUF EINE MANUELLE, AUTOMATISCHE ODER FERNSTEUERUNG SCHLIESSEN LASSEN..."

3.7.1954
Bermudas
UFOs auf Radar
Foto der US-Luftwaffe (Blue Book Archiv)

"e. DIE AUFFALLEND ÜBEREINSTIMMENDE BESCHREIBUNG DIESER OBJEKTE IST:

(1) METALLISCHE ODER REFLEKTIERENDE OBERFLÄCHE..."

1963
New Mexico/USA
Foto: Paul Villa
(Archiv DUIST/Ventla-Verlag)

"... (2) KEINE ERKENNBAREN AUSSTÖSSE, ABGESEHEN VON EINIGEN FÄLLEN, WO DIE OBJEKTE ANSCHEINEND UNTER HÖCHSTLEISTUNG OPERIERTEN..."

25. April 1974, 10.30 Uhr,
Namur/Belgien
Foto: F. Gilbert Mulydermans
(ICUFON-Archiv)

"... (3) EINE RUNDE ODER ELLIPTISCHE FORM, AN DER UNTERSEITE ABGEFLACHT, OBEN MIT EINER KUPPEL VERSEHEN..."

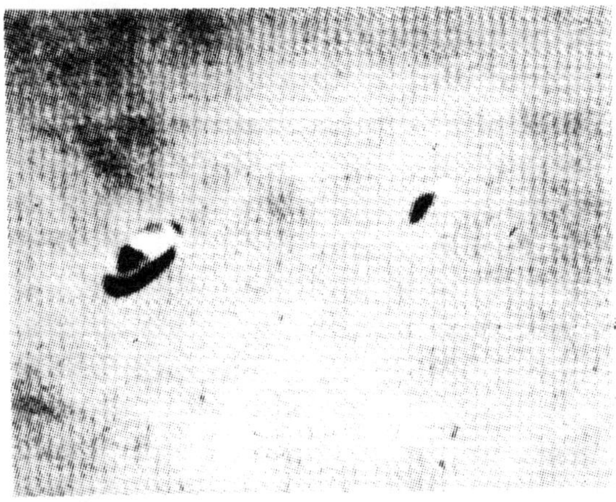

1967
Yungay/Peru
Foto: Augusto Arranda
(APRO-Archiv)

1974 Cincinatti/USA
(ICUFON-Archiv)

1972 Mailand/Italien
(Archiv A. Schneider)

"... (4) EINIGE BERICHTE SPRECHEN VON GUT AUSGEFÜHRTEN FORMATIONS-FLÜGEN MIT DREI BIS NEUN OBJEKTEN..."

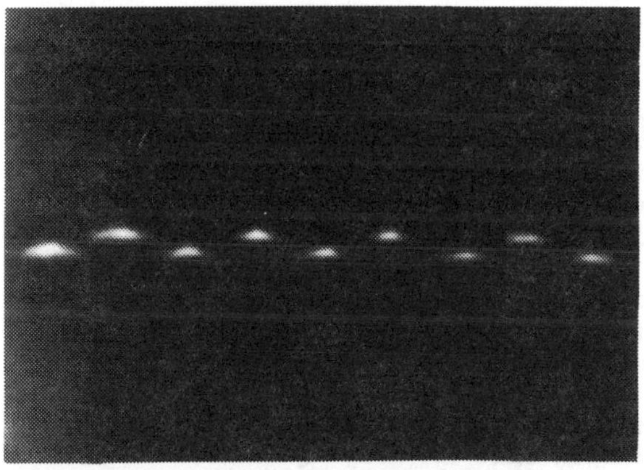

27. Februar 1979, 20.55 Uhr,
Hagen/BRD
Foto: Martin D.
(Archiv M. Hesemann)

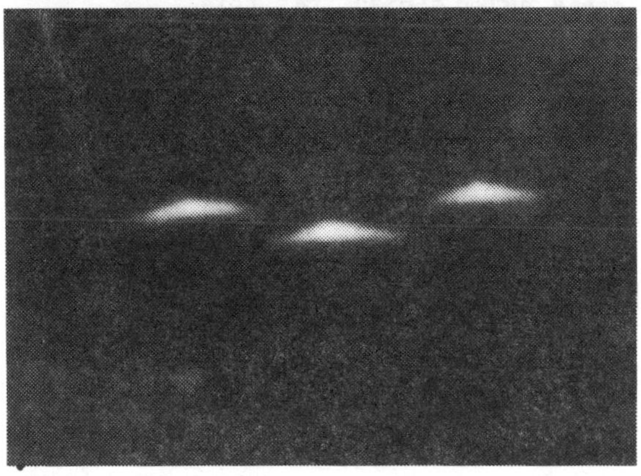

28.2.1980, Hagen/BRD

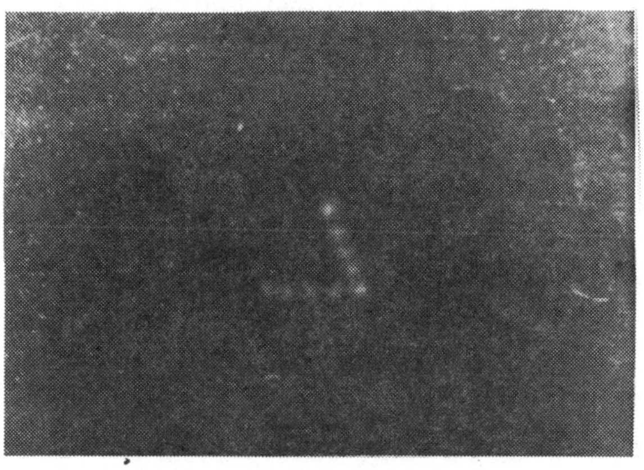

26.10.1979, Hagen/BRD

UFOs: Interplanetarische Raumschiffe?

Am 26. Januar 1953 erklärte der Pentagon-Luftwaffensprecher ALBERT M. CHOP, daß

> "WENN DIE OFFENSICHTLICH GESTEUERTEN FLUGMANÖVER, VON DENEN VIELE KOMPETENTE BEOBACHTER SPRACHEN, ZUTREFFEN, DIE EINZIG VERBLEIBENDE ERKLÄRUNG (des UFO-Phänomens) DIE IHRER INTERPLANETARISCHEN HERKUNFT IST."

DEPARTMENT OF DEFENSE
OFFICE OF PUBLIC INFORMATION
WASHINGTON 25, D. C.

26 January 1953

Henry Holt & Company
383 Madison Avenue
New York 17, N.Y.

Dear Sirs:

This will acknowledge your letter of recent date regarding a proposed book on "flying saucers" by Major Donald E. Keyhoe, U. S. Marine Corps, retired.

We in the Air Force recognize Major Keyhoe as a responsible, accurate reporter. His long association and cooperation with the Air Force, in our study of unidentified flying objects, qualifies him as a leading civilian authority on this investigation.

All the sighting reports and other information he listed have been cleared and made available to Major Keyhoe from Air Technical Intelligence records, at his request.

The Air Force, and its investigating agency, "Project Bluebook," are aware of Major Keyhoe's conclusion that the "Flying Saucers" are from another planet. The Air Force has never denied that this possibility exists. Some of the personnel believe that there may be some strange natural phenomena completely unknown to us, but that if the apparently controlled maneuvers reported by many competent observers are correct, then the only remaining explanation is the interplanetary answer.

Very Truly Yours
Albert M. Chop
Albert M. Chop
Air Force Press Desk

Brasilien: Amtliche Fotoserie der brasilianischen Marine

Ort: Trindade-Island/ Atlantik

Datum: 15. Januar 1958

Fotos: Marinefotograf Almiro BARAUNA, an Bord des Marineschulschiffes ALMIRANTE SALDANHA, das Untersuchungen im Rahmen des intern. Geophysikalischen Jahres durchführte.

Zeugen:
1/ Marineadmiral José SALDANHA DA GAMA;
2/ Capt. Carlos Alberto BACELLAR, Kommandant d. Insel Trindade

3/ Paulo MOREIA DA SILVA, Dir. d. Hydrograph. Institutes der Marine;
4/ Capt. José Teobaldo VIEGAS, Luftwaffe
5/ Amilar VIERIA, Dir. Banco de Brazil;
6/ Capt. Dr. HOMEGO;
7/ Prof. FERNANDO, Geol.

Beschreibung des Objektes: Saturnförmig, metallisch, von einer grünl.-phosphorisierenden Strahlung umgeben.

Beurteilung der (7) Fotos:

Untersuchung der Negative im Auftrag der Marine durch a/ das Hydrographische Institut; b/ das Fotolabor der Marine und c/ den Luftbild-Auswertungsdienst in Rio de Janeiro:

"Das Objekt hat einen Durchmesser von 40 Metern; eine Höhe von 8 Metern; Die Fluggeschwindigkeit liegt bei etwa 900-1000 km/h."
(diese Angaben wurden bestätigt durch Computeranalyse von Ing. W.Spaulding, GSW/USA)

Marineminister Admiral Antonio A. CANARA:

"Ich habe vorher nie an 'fliegende Untertassen' geglaubt - aber die fotografischen Beweise von Herrn Barauna haben mich überzeugt."

Der Generalsekretär der Marine, Admiral Gerson de MACEDO SOARES:

"Ich sehe keinen Grund, diesen Bericht zuverlässiger und wissenschaftlich ausgebildeter Zeugen anzuzweifeln."

USA: Die stille Invasion

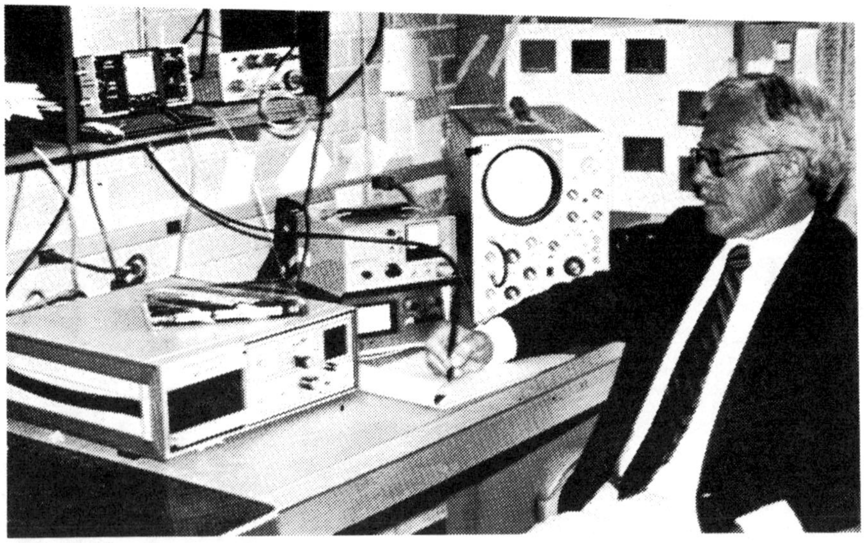

Prof. Harley RUTLEDGE (55), seit 17 Jahren Leiter der Physikalischen Fakultät der Southeast Missouri-Universität in Cape Giradeau/Missouri, USA, führte von 1973 bis 1983 mit einem Team von 40 Wissenschaftlern, Ingenieuren und Studenten eine intensive Feldstudie durch, in deren Rahmen er und sein Team 178 unbekannte Flugobjekte beobachten konnten.

Als die Gegend um Piedmont/Missouri 1973 Ziel einer UFO-Sichtungswelle wurde, wollte die Universität ergründen, was da wirklich gesehen wurde. - ein Netz von Beobachtungsposten war der Anfang der achtjährigen Studie unter Leitung von Dr. Rutledge. Das Ergebnis ist in seinem 1981 erschienenen Buch "Projekt Identification - Die erste wissenschaftliche Feldstudie der UFO-Phänomene" festgehalten. Von der Existenz der UFOs ist er heute überzeugt -

"ABER ICH KANN BISHER NICHT GENAU SAGEN, WOHER SIE KOMMEN. DOCH NACH ALL DEM, WAS ICH GESEHEN HABE, IST ES SCHWER ZU GLAUBEN, DASS UNSERE ERDE DIE TECHNOLOGIE HAT, SIE HERZUSTELLEN."

Eine 1984 durchgeführte Umfrage des GALLUP-Institutes für Demoskopie in den USA ergab, daß 63 % aller Amerikaner von der Existenz der UFOs überzeugt sind - während 13 % glauben, selbst ein UFO gesehen zu haben.

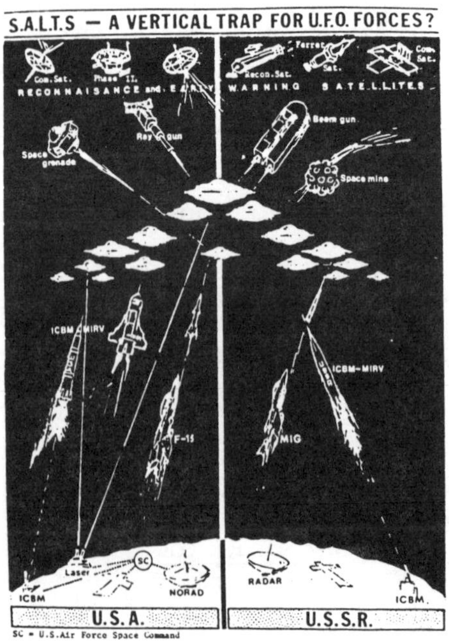

Das amerikanische Luftverteidigungskommando NORAD hat zugegeben, daß seine komplizierten Infrarot-Sensoren, die gleichzeitig Satellitenwiedereintritte orten und in Phasen durch ein weltweites Radarnetz berechnen, täglich um die 800 bis 900 'Objekte' registrieren, deren Flugcharakteristiken weder denen irgendwelcher Satelliten noch den gewöhnlichen ballistischen Flugbahnen entsprechen. Selbst wenn 90 % davon auf meteorologische Phänomene, elektromagnetische Impulse, eintretenden Weltraummüll und andere Anomalien zurückgehen können, würde dies bedeuten, daß zu jeder Stunde eines Tages mehr als drei UFOs in unseren irdischen Luftraum einfliegen.

Das in Evanston bei Chicago beheimatete "Center for UFO-Studies" (CUFOS), das der mittlerweile verstorbene Astronom Prof. Dr. J. Allen HYNEK begründete, hat im Rahmen seines von Prof. Dr. David SAUNDERS geleiteten "Projekt UFO-CAT" (UFO-Katalogisierung durch EDV) bisher 1283 bundesdeutsche UFO-Sichtungsfälle registrieren können. In den USA katalogisierte UFO-CAT, geht man von der GALLUP-Umfrage aus, lediglich 1,2 % der tatsächlichen Sichtungen. Überträgt man diese Zahl auf Deutschland, so gab es hierzulande seit 1947 mehr als 100.000 Beobachtungen unbekannter Flugobjekte.

UFOs über Deutschland...

... bei Tag und bei Nacht

Von Oktober 1977 bis Herbst 1982 beobachtete Martin D. in Hagen, Ruhrgebiet im Rahmen einer privaten UFO-Studie fast jeden Abend und jede Nacht den Himmel.
In diesem Zeitraum registrierte der Zeuge 115 UFO-Beobachtungen, von denen einige fotografiert und/oder gefilmt wurden, darunter

- am 4. Juni 1980, 14.oo Uhr ein zylindrisches, reflektierendes "Mutterschiff", das drei kugelförmige "Sonden" entläßt (Bild 1);
- am 19. Februar 1980, 22.oo Uhr ein phosphorisierendes, zigarrenförmiges Objekt (Bild 2);
- am 10. März 1981, 18.3o Uhr eine gleißende Scheibe (Bild 3);
- am 6. März 1980, 21.15 Uhr drei rötliche Scheiben in Formation gefilmt ...

... Eine Computeranalyse dieses Streifens durch GSW/Phoenix, Arizona (Bild 4) ergab, daß es sich hier um drei "definitiv reale" und eigenständige Lichtquellen ohne eine verbindende Struktur handelt. Entfernung: 800 Meter. Einen Schwindel schloß GSW aus.

Weiter wurden beobachtet:
- Flache Scheibenformen, weißlich oder rötlich mit hohen Geschwindigkeiten, einer hohen Manövrierfähigkeit, oft in Formation;
- Saturnförmige Disken, matt-silbrig;
- Sternförmige Lichter, manchmal in Formation;
- Zigarrenform, gräulich, ruhige Flugbewegung
- Zylinderform, metallisch, reflektierend, torkelnder Flug;
- Formationsflug von 3 - 9 Objekten, meist in Richtung Süd nach Nord.

(vgl. Gen. TWINING-Bericht)

SIND GALAKTISCHE FLIEGERSTAFFELN HIER AUF AUFKLÄRUNGSFLUG ÜBER BUNDESDEUTSCHEN INDUSTRIEZENTREN?

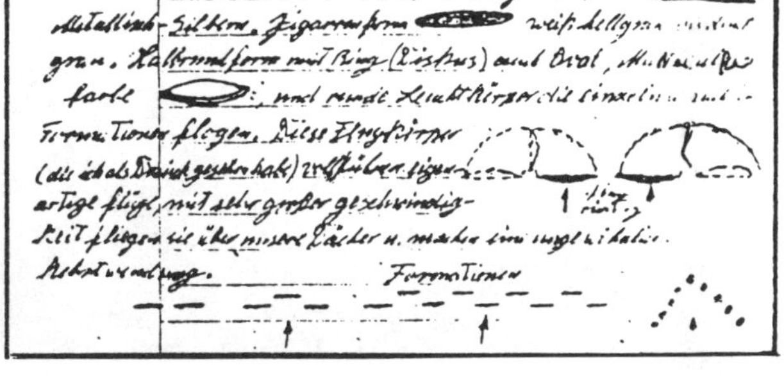

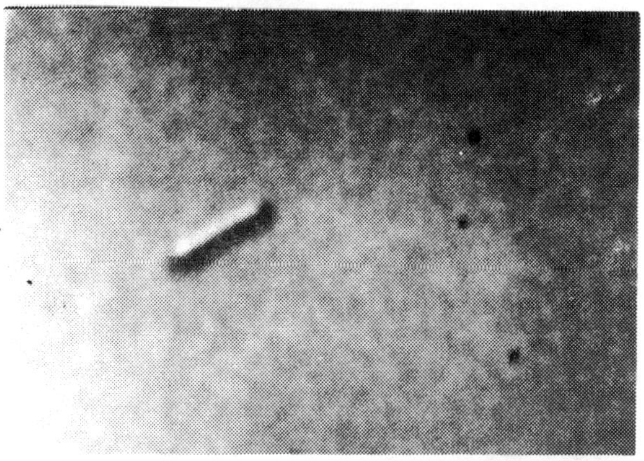

Bild 1

Bild 2

Bild 3

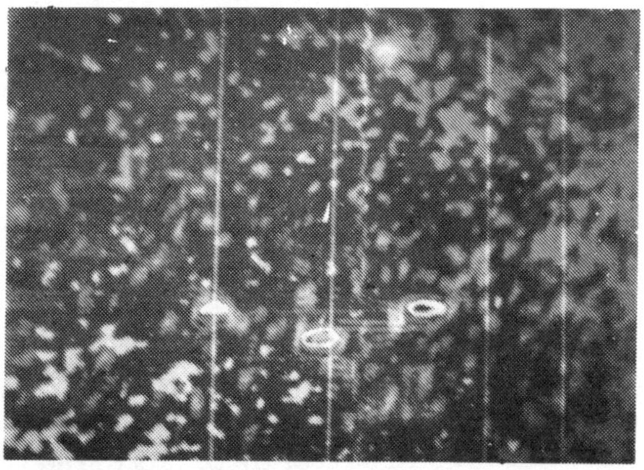

Bild 4

Die amtliche sowjetische Nachrichtenagentur TASS meldete:

1989: Die erste offizielle UFO-Landung in der UdSSR

Woronesch, 27. September 1989

(Woronesch, südöstlich von Moskau, Industriestadt mit 950.000 Einwohnern)

OFFIZIELLE TASS-MELDUNG VOM 9. OKT. 1989:

"Sowjetische Wissenschaftler haben die Landung eines unbekannten Flugobjektes in einem Park in der russischen Stadt Woronesch bestätigt. Sie haben auch die Landestelle identifiziert und Spuren von Außerirdischen gefunden, die einen kleinen Spaziergang im Park gemacht haben. Außerirdische besuchten diese Stelle mindestens drei Mal, jeweils nach Einbruch der Dunkelheit, erklären Einheimische.

UFO und Ausserirdischer: Originalgrafiken der Augenzeugen von Woronesch

Woronescher Bürger sahen eine große, glänzende Kugel über dem Park. Den Augenzeugen zufolge ist das UFO gelandet, eine Tür öffnete sich, und ein, zwei oder drei menschenähnliche Wesen und ein kleiner Roboter kamen heraus. Die Außerirdischen waren drei oder sogar vier Meter groß, mit sehr kleinen Köpfen, sagen die Zeugen. Sie spazierten nahe der Kugel oder Scheibe und verschwanden dann darin. Die Zuschauer waren von einem Angstgefühl überwältigt, das mehrere Tage angehalten hat.

'Wir identifizierten die Landestelle mit Hilfe der Bioortung', erklärte Genrikh Silanov, Leiter des Geophysikalischen Institutes von Woronesch in einem Interview. 'Wir entdeckten einen Kreis von 20 Metern Durchmesser. Vier 4-5 cm tiefe Abdrücke, jeder mit einem Durchmesser von 14-16 cm, waren deutlich erkennbar und lagen an den vier Ecken eines Rhombus. Wir entdeckten zwei rätselhafte Gesteinsproben. Auf dem ersten Blick sahen sie aus wie dunkler Sandstein. Aber mineralogische Analysen haben gezeigt, daß diese Substanz nirgends auf der Erde gefunden werden kann. Allerdings sind weitere Untersuchungen erforderlich, um einen endgültigen Schluß ziehen zu können.'

Silanov bediente sich der Bioortung, um den irdischen Weg der Außerirdischen auszumachen. Die Augenzeugen wußten nichts von diesem Experiment, aber ihre Beschreibung des Weges der Außerirdischen stimmte mit den wissenschaftlichen Ergebnissen überein.

Ferner berichteten Woronescher von der Sichtung eines bananenförmigen Objektes am Himmel, das ein erleuchtetes Zeichen trug."

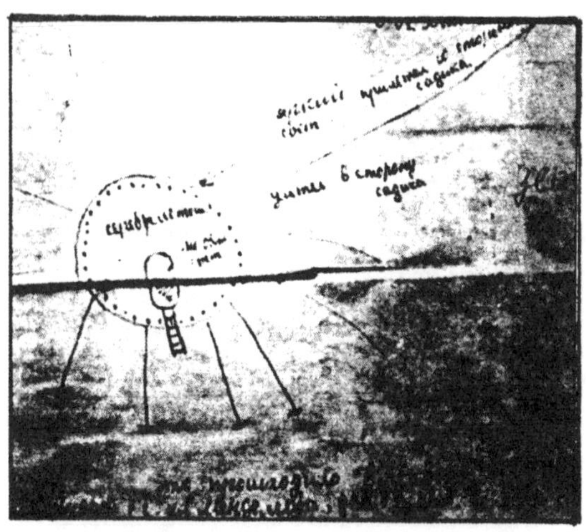

ZEUGEN: Die Schüler D. MURZENKO, Y. GRINEV, Y. SERGACHEV, R. MILKIN, Z. BLINOV u.v.a.; Milizleutnant Sergei MATVEYEV; Monteurin Olga POLUDNEVA, Arbeiterin L. KUPRIYANOVA u.v.a.

Oberst der Miliz L. MAKAROVA: "Die erhöhte Radioaktivität, die wir messen konnten, beweist, daß etwas Ungewöhnliches vorgefallen ist."

Zitate: TASS, Moskau News; Bilder: BILD, Moskau News, Sovjetskaya Kultura

1982: Deutschlands bestdokumentierte UFO-Landung

Datum: 12. März 1982, 21-22 h.
Ort: Messel bei Darmstadt
Zeugen: Manuela Helm (14), Sonja Bohrmann (15), Werner Helm (17), Markus Steffes (13), Frank Heb (16) und 9 andere Jugendliche; das Ehepaar Gustafson, weitere Erwachsene; Polizeimeister Thomas Weiland (15) und Uwe Behm-Hansen (24) sowie 4 weitere Streifenpolizisten u.v.a.
Radar-Ortung durch die US-Streitkräfte Rhein-Main von 21.30-22.00

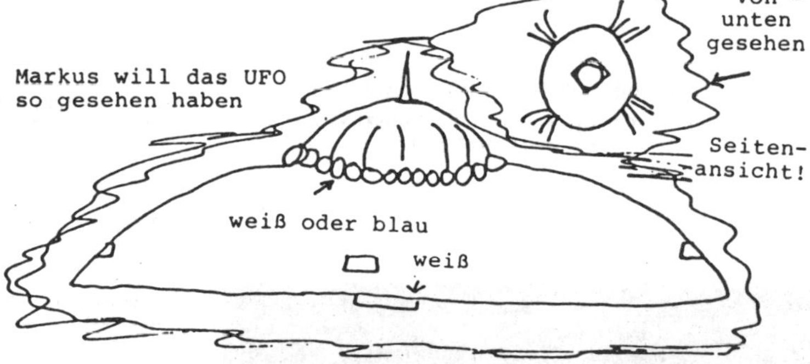

Beschreibung des Objektes: Größe: 20 Meter Ovale Unterseite, darauf gläserne Kuppel, aus der grelles Licht dringt. Nach unten sind vier Scheinwerfer gerichtet, die abwechselnd grünes und blaues Licht ausstrahlen.
Geräusche: Leises Summen

SICHTUNGSVERLAUF:

21.05: Auf dem Heimweg sehen die beiden Schülerinnen Manuela HELM und Sonja BOHRMANN ein Licht, das auf sie zuzustürzen scheint, wieder hochzieht, um schließlich wieder auf sie zuzurasen. In Panik laufen sie in das Jugendzentrum "Kleine Schule", wo Manuelas Bruder Werner an einem Discoabend teilnimmt.

Die Zeugen der UFO-Landung

21.10: Werner und zehn andere Jungen gehen nach draußen, "um das UFO zu suchen". Sie sehen eine 20-Meter große Scheibe, die in Baumhöhe über einem Spielplatz schwebt. Bis auf 40 m nähern sie sich, als ein greller, bläulicher Blitz aus dem UFO schießt. Sie laufen zum Jugendzentrum zurück, beobachten, wie die Scheibe zum Himmel aufsteigt, gehen nachhause.

21.30: Einer der Jungen, Markus STEFFES-GUSTAFSON, zeigt das UFO seiner Mutter. Es erscheint jetzt als ein grelles Licht, das am Himmel manövriert. Frau G. benachrichtigt die Polizei.

21.40: Einsatzbefehl für die Funkstreife "Heiner" des 3. Darmstädter Polizeireviers. Die beiden Polizeimeister Th. WEILAND und U. BEHM-HANSEN nehmen die Schilderung von Frau G. zu Protokoll. Auf der Rückfahrt bemerken sie einen blinkenden Lichtpunkt, der über einem Wald schwebt, schließlich zur Landung ansetzt. Sie benachrichtigen ihre Kollegen.

22.00: 6 Polizisten dreier Streifen beobachten vier UFOs, die in Formation am Himmel stehen. Als das im Wald gelandete UFO wieder aufsteigt, knacken die -ausgeschalteten- Außenlautsprecher der Streifenwagen. Zur selben Zeit Stromstörungen und TV-Bildausfälle in der ganzen Region. Dann fliegen die 5 UFOs davon. (Dok.: MUFON-CES)

Skizze der Polizisten Weiland und Behm-Hansen:

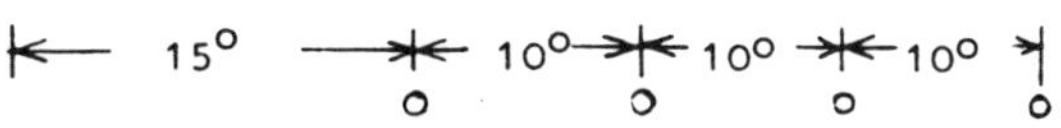

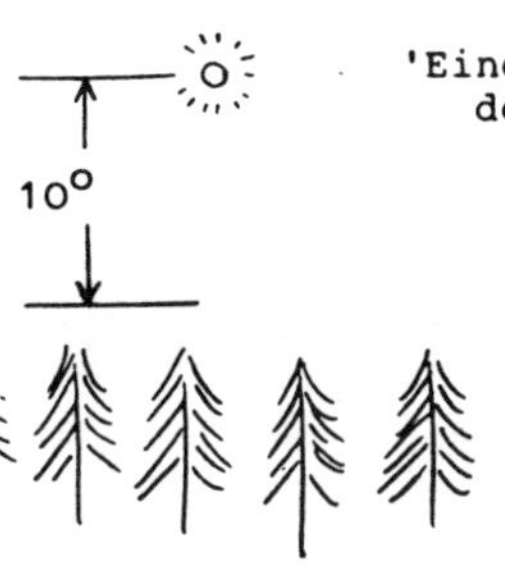

'Eine Armbreit über den Bäumen'

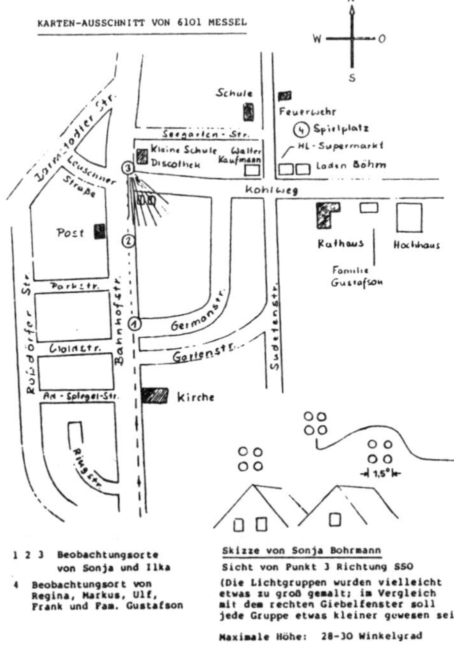

Karte des Örtchens Messel (r.) sowie Skizzen der Augenzeugen. (Quelle: MUFON-CES Report Nr.9)

PASSAGE SUR LE DISQUE SOLAIRE
D'UN ESSAIM DE CORPUSCULES, VU A L'OBSERVATOIRE
DE ZACATECAS (MEXIQUE)

J'ai institué à l'Observatoire de Zacatecas, situé à 2502m au-dessus du niveau de la mer, l'observation quotidienne de l'état de la surface solaire, en dessinant par voie directe et par projection les taches, facules et granulations, ainsi que les protubérances de la chromosphère solaire, au moyen du spectroscope.

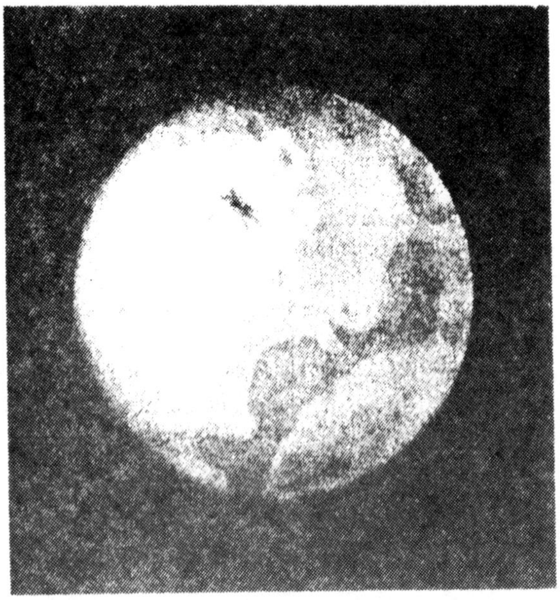

Beobachtungen durch Astronomen...

Prof. Hoimar von Ditfurth ("Warum ich nicht an UFOs glaube"):

"KEIN BEKANNTER ASTRONOM HAT JE EIN UFO GESEHEN"

DAS ERSTE UFO-FOTO schoß am 12. August 1883 Prof. José A y BONILLA, Leiter des Observatoriums von Zacatecas/Mexiko. Bei einer Studie der Sonnenflecken bemerkte er eine Reihe "spindelförmiger Objekte", die nacheinander die Sonnenscheibe kreuzten. Ein Foto, das BONILLA mit einem Sonnenfilter schoß, wurde in der Oktober 1885-Ausgabe der Pariser Zeitschrift "L´Astronomie" veröffentlicht.

Berichte aus dem 20. Jahrhundert

10.7.1947: Prof. Dr. Lincoln LaPAZ von der Universität von Las Cruces/New Mexico, beobachtete im Beisein seiner Familie ein elliptisches Leuchtobjekt

20.5.1950: Prof. HALL vom Lowell-Observatorium in Massachusetts verfolgte durch sein Fernrohr ein fremdartiges Flugobjekt von ungeheurer Geschwindigkeit - zwei Tage später sah Prof. S.L. HESS von der Universität Florida ein ähnliches Flugobjekt vom Observatorium Flagstaff/Arizona aus.

Dr. Frank HALSTED vom Observatorium Darling in THE TRIBUNE vom 7.7.1954: "VIELE BERUFSASTRONOMEN SIND DAVON ÜBERZEUGT, DASS DIE UFOS VON ANDEREN PLANETEN STAMMEN."

11.6.1954: Prof. H. Percy WILKINS, Mondexperte, bemerkte auf einem Flug zwei ovale, metallische Scheiben von ca. 16 Metern Durchmesser, die zwischen den Wolken hin- und herflogen. WILKINS: "Sie müssen konstruiert, geleitet und konstruiert sein - von Intelligenzen, die den menschlichen überlegen sind."

26.7.1965: SOWJETUNION: Die Astronomen VITOLNIEK und MELSERS vom Observatorium von Ogra/Litauen beobachten ein "linsenförmiges Objekt von über 100 Metern Durchmesser", um das drei kleinere Kugeln kreisen.

6.2.1966: Pater Dr. Benito REYNA, S.J., Dir. des Adhara-Observatoriums bei Buenos Aires/Argentinien, beobachtet eine Flotte von 5 Lichtern in V-Formation.

März 1967: Prof. R. FEBLES. Dir. des Observatoriums Antares in Montevideo/Uruguay, schießt durch sein Teleskop 19 Fotos eines scheibenförmigen "Mutterschiffes", das kleinere Scheiben entläßt.

8.8.1967: SOWJETUNION: Der Astronom A. SAZANOW von einem Kaukasus-Observatorium der Akademie der Wissenschaften beobachtet im Beisein mehrerer wissenschaftlicher Mitarbeiter eine riesige Scheibe von 180 m. Durchmesser.

1968: Prof. G.A. CACERES, Dir. des El Infiernillo-Observatoriums/Chile, das zur Universität von Santiago gehört: "Seit Oktober des vergangenen Jahres hat unser Logbuch allein 15 UFOs registriert."

1980: Der Münchner Amateurastronom M. VENTURINI beobachtet durch sein Fernrohr 8 leuchtende Scheiben in V-Formation am Sternenhimmel.

Der UFO-Forscher Adolf SCHNEIDER konnte für den Zeitraum von 1947 bis 1982 114 UFO-Sichtungen durch Amateur- und Berufsastronomen katalogisieren (MUFON 1983)

... von Weltrang

Der Astronom Prof. Dr. Clyde TOMBAUGH, Entdecker des Planeten Pluto und zeitweise Berater der US-Regierung in Weltraumfragen, beobachtete am Abend des 10. August 1949 von der Terrasse seines Hauses in Las Cruces/New Mexiko aus in Beisein seiner Frau und seiner Schwiegermutter eine Lichterformation, die geräuschlos am Himmel entlangglitt. Seine Frau glaubte, schwach die Form eines dunklen, zigarrenförmigen Objektes zu erkennen, dessen erleuchtete Fenster die Lichter seien. TOMBAUGH in einem Brief vom 10. September 1957:

"ICH HABE NIEMALS ZUVOR ODER DANACH ETWAS ÄHNLICHES GESEHEN."

NEW MEXICO COLLEGE
OF AGRICULTURE AND MECHANIC ARTS

ADJACENT TO AND COOPERATING WITH
WHITE SANDS PROVING GROUND

10 September 1957

Mr. Richard Hall
SATELLITE
721 Burdette Street
New Orleans 18, La.

Dear Mr. Hall:

Regarding the solidity of the phenomenon I saw: My wife thought she saw a faint connecting glow across the structure. The illuminated rectangles I saw did maintain an exact fixed position with respect to each other, which would tend to support the impression of solidity. I doubt that the phenomenon was any terrestrial reflection, because some similarity to it should have appeared many times. I do a great deal of observing (both telescopic and unaided eye) in the backyard and nothing of the kind has ever appeared before or since.

As I have said before, I was so unprepared for such a strange sight that I was really petrified with astonishment. Consequently, some of the details I might have noted were missed.

Sincerely yours,

Clyde W. Tombaugh

CLYDE W. TOMBAUGH
Astronomer

CWT:ds

Piloten sichten UFOs

In den letzten 42 Jahren kam es zu einigen hunderttausend Sichtungen unbekannter Flugobjekte durch zivile und militärische Piloten. Piloten sind glaubwürdige Zeugen. Von ihrem Urteilsvermögen hängt oft das Leben tausender Passagiere ab. Nachfolgend einige jüngere Fälle:

NEUSEELAND 1978: "SIE WAREN GLOCKENFÖRMIG UND SEHR HELL"

In der Nacht vom 30. auf den 31. Dezember 1978 startet eine ARGOSY-Transportmaschine von Wellington/Neuseeland Richtung Christchurch. Während des Fluges beobachten die Besatzung sowie ein an Bord befindliches Filmteam des australischen "CHANNEL O" geheimnisvolle Flugobjekte - und filmt sie. Weitere Filmaufnahmen entstehen in der selben Nacht auf dem Rückflug umgekehrte Route.

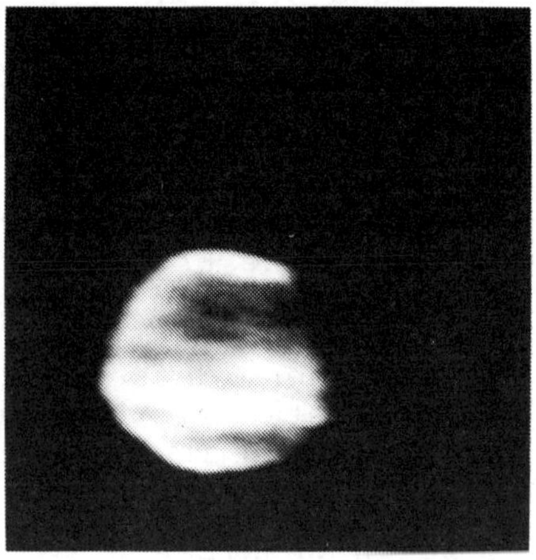

Die Objekte werden in Wellington auf Radar geortet.

"SIE WAREN GLOCKENFÖRMIG MIT EINEM SEHR HELLEN BODEN UND EINEM WENIGER HELLEN OBERTEIL. SIE SCHEINEN OBEN EINE DURCHSICHTIGE KUPPEL ZU HABEN. SIE SIND SEHR HELL." (Kameramann D. Crockett)

Ein Sprecher der Neuseeländischen Luftwaffe: "DAS IST ALLES SEHR INTERESSANT".

Die 25-minütigen Filmaufnahmen wurden durch den US-Marinephysiker und Fotoexperten Dr. Bruce MACCABEE analysiert. MACCABEE: "WENN WIR DIE RADARORTUNGEN ZUR GRUNDLAGE NEHMEN, SIND DIE GEFILMTEN OBJEKTE ZWISCHEN 14 UND 30 METERN GROSS."

SPANIEN 1979: "VON UFOS ZUR NOTLANDUNG GEZWUNGEN"

Eine Caravelle mit Charterpassagieren auf dem Weg von Salzburg nach Teneriffa mit Zwischenlandung auf Mallorca mußte am 11. Nov. 1979 in Valencia notlanden, nachdem sie -so der Pilot Francisco LERDO DE TEJADA- von UFOs verfolgt wurde.

"ES WAREN VIER LICHTER, SEHR ROT, SEHR KRAFTVOLL, DIE MIT SCHWINDELERREGENDER GESCHWINDIGKEIT AUF UNS ZUSTÜRZTEN. SIE STAMMTEN VON EINEM EINZIGEN FLUGKÖRPER, DER SO GROSS WAR WIE EIN JUMBOJET", erklärte LERDO. Aus Furcht vor einer Kollision setzte LERDO im Sturzflug zur Notlandung an. Die Passagiere gerieten in Panik.

Auch einige Passagiere hatten "ovale, hellrote Objekte, die im Zick-Zack auf das Flugzeug zuschossen" gesehen. Von Madrid aus wurden sie auf Radar geortet. Nach LERDOs sicherer Landung startete die span. Luftwaffe sofort 4 Phantom-Abfangjäger - die eine Reihe von Fotos schossen. Die Regierung leitete eine geheime Untersuchung der Vorfälle ein.

ÄRMELKANAL 1980: LUFTHANSA-CHEFPILOT BEOBACHTET "RIESENZIGARRE"

Werner UTTER, LUFTHANSA-Vorstandsmitglied und Chefpilot, ist mit über 25.000 Flugstunden und 1200 Atlantiküberquerungen mit an die 100 Flugzeugtypen wohl einer der erfahrensten Piloten der Bundesrepublik. Er schilderte eine seiner insgesamt drei UFO-Begegnungen wie folgt:

"SIE WERDEN LACHEN, ABER ICH HAB´S AUF TONBAND. ICH KAM ABENDS VON NEW YORK ZURÜCK MIT DEM FRACHTER, ES WAR NOCH TAGHELL. DA KOMMT MIR PLÖTZLICH SO EIN RIESENDING ENTGEGEN: DER FLUGINGENIEUR, DER HINTER MIR STAND UND SICH MIT DEM COPILOTEN UNTERHIELT, DER RUFT SEHR SCHNELL, DAS HÖRT MAN AUF TONBAND, 'ACHTUNG!'. UND ICH DANN 'WAS IST DAS?'. DAS WAR EINE RIESENZIGARRE, DIE UNS ENTGEGENKAM IN 35.000 FUSS (12.000 m) UND ICH GEBE GLEICH RUNTER UND SAG: 'DAS IST EIN UFO'. (...) ICH DACHTE, ES GEHT MIR IN DEN EINSER-MOTOR (das linke äußere Triebwerk) rein. WENN ICH DAS ALLEIN GESEHEN HÄTTE ... ABER DER INGENIEUR HAT ES AUCH GESEHEN, UND DIESEN NOTSCHREI AUSGESTOSSEN."

SOWJET-UNION 1984:

"DIE CREW HATTE MIT ETWAS ZU TUN, DAS WIR UFO NENNEN"

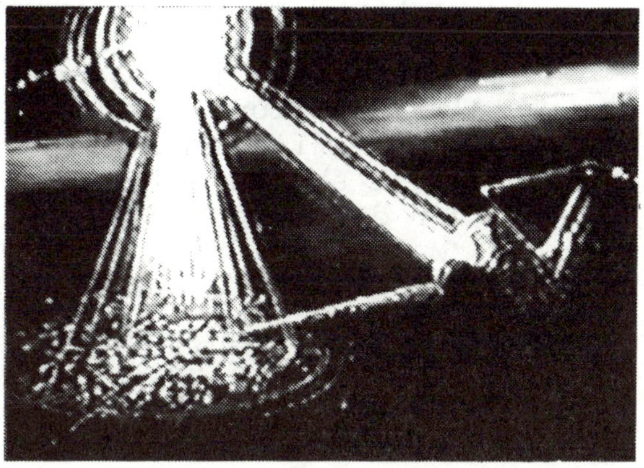

Im September 1984 flog die Besatzung einer Passagiermaschine die Flugroute Tiblis-Rostow-Tallin. Der Chefpilot, Igor A. TSCHERKASCHIN, war ein erfahrener Flieger mit 7000 Flugstunden. Mit dabei im Cockpit waren sein Copilot G.I.LASURIN, sein Navigator J.M. OGNEW und der Bordmechaniker G.M.KOSLOW. Kurz vor Minsk bemerkte LASURIN am Nachthimmel einen nichtflakkernden großen "Stern", der sich bald als ausdehnende Lichtmasse entpuppte. Aus dem scheibenförmigen Licht entstand ein feiner Lichtstrahl, der steil zur Erde fiel. Er öffnete sich, wurde zu einem grellen Lichtkegel - der Landschaft und Dörfer am Boden taghell erleuchtete. Dann hob sich der Strahl von der Erde ab, richtete sich auf das Flugzeug. Die Crew sah nur einen grellen, weißen Punkt, der von konzentrischen Ringen umgeben war. Der Strahl flammte schließlich auf - und zurück blieb eine grüne Wolke. Die Wolke plazierte sich neben das Flugzeug -wo sie auch von Passagieren gesehen wurde- änderte ihre Form, nahm schließlich selber die Gestalt eines Flugzeuges an.

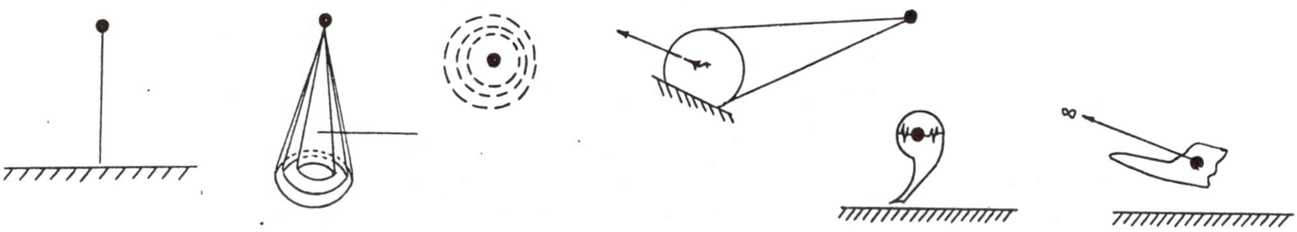

Skizzen des Co-Piloten LASURIN von der Sichtung

Nach der Landung erfuhr die Crew, das das geheimnisvolle Objekt auch vom Tower in Tallin aus auf Radar geortet wurde.

Die Kommission für atmosphärische Erscheinungen der Akademie der Wissenschaften in Moskau nahm diesen Fall zum Anlaß für eine großangelegte UFO-Studie. Der Vorsitzende der Kommission, N.A.SHELTUCHIN, zum Tallin-Fall: "DIE CREW HATTE MIT ETWAS ZU TUN, DAS WIR UFO NENNEN."

ALASKA 1987: "ES WAR DOPPELT SO GROSS WIE EIN FLUGZEUGTRÄGER"

Am 17. Nov. 1987 sichtete die Crew einer Boeing 747 der JAL (Japanese Airlines) zwischen 18.30 und 18.50 Uhr auf einem Transportflug der Route Island-Kanada über Alaska ein gewaltiges, walnußförmiges UFO sowie zwei kleinere, zylindrische Objekte.

Captain Kenju TERAUCHI wollte gerade den Flughafen Anchorage anfliegen, als er zwei ungewöhnliche Lichter bemerkte, die sich seiner Maschine näherten.

"SIE FLOGEN PARALLEL UND KAMEN ZIEMLICH NAH AN UNS HERAN". Selbst bei einer Wendung um 360 Grad konnte TERAUCHI die beiden zilyndrischen "Späher" nicht abschütteln. Dann tauchte vor der Maschine das riesige "Mutterschiff" auf, "DOPPELT SO GROSS WIE EIN FLUGZEUGTRÄGER."

TERAUCHI konnte die UFOs auf seinem bordeigenen Radar verfolgen. Wie später die US-Bundesluftfahrtbehörde FAA erklärte, wurden die UFOs ebenfalls vom regionalen Radar-Kontrollzentrum Anchorage geortet.

"ES KANN NUR EIN RAUMSCHIFF IRGENDEINER UNBEKANNTEN, AUSSERIRDISCHEN HERKUNFT GEWESEN SEIN", erklärte TERAUCHI später Reportern.

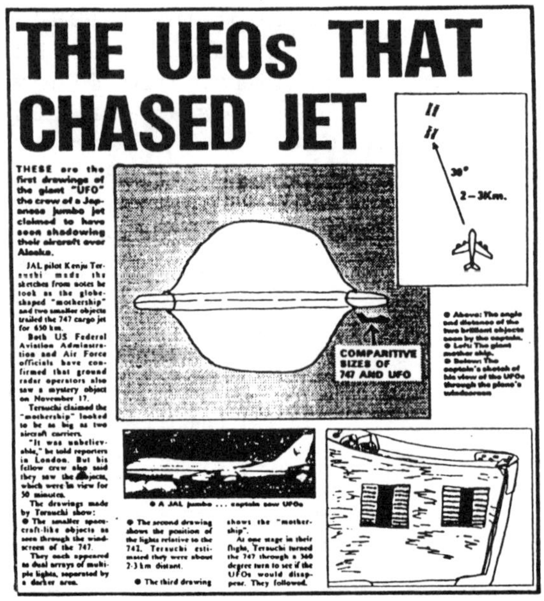

THE UFOs THAT CHASED JET

THESE are the first drawings of the giant "UFO" the crew of a Japanese jumbo jet claimed to have seen shadowing their aircraft over Alaska.

JAL pilot Kenju Terauchi made the sketches from notes he took as the globe-shaped "mothership" and two smaller objects trailed the 747 cargo jet for 650 km.

Both US Federal Aviation Administration and Air Force officials have confirmed that ground radar operators also saw a mystery object on November 17.

Terauchi claimed the "mothership" looked to be as big as two aircraft carriers.

"It was unbelievable," he told reporters in London. But his fellow crew also said they saw the objects, which were in view for 50 minutes.

The drawings made by Terauchi show:

● The smaller spacecraft-like objects as seen through the windscreen of the 747.

They each appeared as dual arrays of multiple lights, separated by a darker area.

● The second drawing shows the position of the lights relative to the 747. Terauchi estimated they were about 2-3 km distant.

● The third drawing shows the "mothership".

At one stage in their flight, Terauchi turned the 747 through a 360 degree turn to see if the UFOs would disappear. They followed.

● Above: The angle and distance of the two brilliant objects seen by the captain.
● Left: The giant mother ship.
● Below: The captain's sketch of his view of the UFOs through the plane's windscreen

● A JAL jumbo ... captain saw UFOs

Bericht der Sydney-"Sun" vom 5. Januar 1987. Oben: Winkel und Entfernung der zwei Leuchtzylinder. Links: Das gigantische "Mutterschiff". Unten rechts: Die beiden "UFOs", wie sie der Pilot durch die Scheibe des Cockpits sah (Skizze von Capt. Terauchi)

SPANIEN 1988: "DAS UFO SIGNALISIERTE: WIR KOMMEN IN FREUNDSCHAFT"

Im Mai 1989 schilderte der IBERIA-Pilot Don Juan Ignacio LORENZO in der spanischen Fernsehsendung "La Familia" zum Thema UFOs eine UFO-Begegnung aus dem Jahre 1988:

"WIR FLOGEN NACH ALICANTE. ALS WIR BEGANNEN, UNSERE FLUGHÖHE ZU VERLASSEN, BEMERKTEN WIR ZWISCHEN DEN WOLKEN EIN LICHT. ICH GLAUBTE, ES SEI EIN ANDERES FLUGZEUG. ES NÄHERTE SICH UNS SO SCHNELL, DAS WIR EINE KOLLISION BEFÜRCHTETEN. NUR 10 METER VOR UNSEREM FLUGZEUG BLIEB ES STEHEN. ES BEGLEITETE UNS 5-6 MINUTEN LANG. ICH MELDETE DEN VORFALL DER BODENKONTROLLE, DIE DAS OBJEKT GERADE AUF RADAR GEORTET HATTE. DAS UFO SAH AUS WIE EIN RIESIGES AUGE. ICH BEGANN MIT UNSEREN LICHTERN ZU SPIELEN, WOLLTE VERSUCHEN, EINE KOMMUNIKATION HERZUSTELLEN. ÜBER FUNK FRAGTE ICH SIE, OB SIE FREUNDE SEIEN. WENN JA, SOLLTEN SIE BLINKEN. DAS OBJEKT BLINKTE HELL AUF. NACH DER LANDUNG ZEIGTE MAN MIR DIE RADARAUFNAHMEN DER SICHTUNG."

In die Sendung war auch der damals im Dienst befindliche Fluglotse eingeladen worden, der bestätigte, die UFO-Begegnung auf dem Radarschirm verfolgt zu haben.

IRAN 1976: "UFO LEGT WAFFENAUTOMATIK LAHM"

Am 19.9.1976 verfolgte ein Kampfflieger über der iranischen Hauptstadt Teheran ein von hunderten Augenzeugen beobachtetes UFO "von der Größe einer Boeing 707". Als er auf das UFO feuern wollte, wurde seine Waffenautomatik vollständig lahmgelegt. Am nächsten Tag ließ Schah Reza PAHLEWI einen ausführlichen vertraulichen Bericht an das WEISSE HAUS/Washington D.C. schicken. Ebenfalls auf dem Verteiler: Der CIA, der NSA sowie die Luftwaffenbasen Ramstein und Vaihingen in der BRD. Aus dem Bericht:

" XXXX (zensiert) entschied sich, eine F-4 von der Sharokhi-Luftwaffenbasis hochzuschicken, die Nachforschungen anstellen sollte.

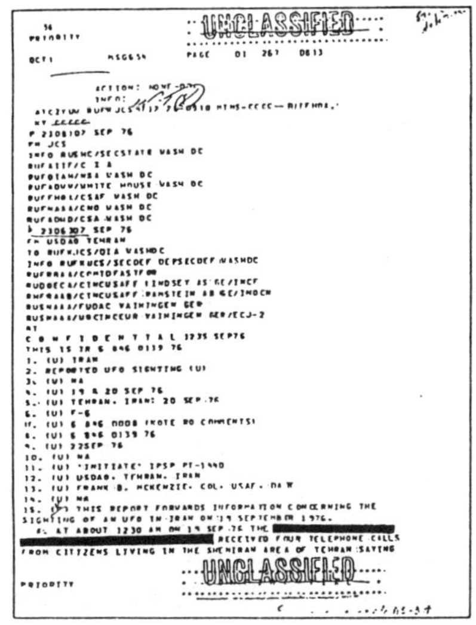
UNCLASSIFIED

UNCLASSIFIED

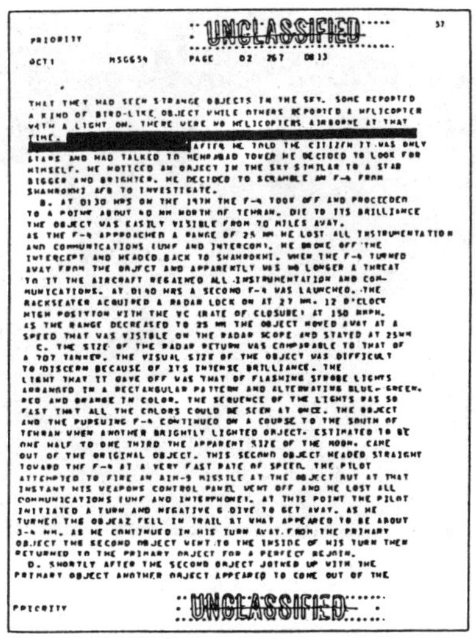
UNCLASSIFIED

UNCLASSIFIED

UNCLASSIFIED

UNCLASSIFIED

Am 19.9.1976 um 1.30 hob die F-4 ab und näherte sich einem Punkt, der 60 km nördlich von Teheran lag. Das Objekt war wegen seiner Helligkeit leicht erkennbar. Als sich die F-4 bis auf 40 km genähert hatte, fielen alle Instrumente und Funkverbindungen aus (UHF und Bordfunk). Der Pilot brach die Abfangjagd ab und kehrte nach Sharokhi zurück. Als die F-4 abdrehte und offensichtlich für das Objekt keine Bedrohung mehr darstellte, setzten auch die Instrumente und die Funkverbindung wieder ein.

Um 1.40 Uhr wurde eine zweite F-4 hochgeschickt. (...) Die Größe der aufgefangenen Radarimpulse entsprachen einem Objekt von der Größe einer BOEING 747. Die sichtbare Größe war wegen der intensiven Helligkeit des Objektes nicht feststellbar. Das Licht, das das Objekt umgab, erinnert an Blitzlichter, die in rechteckigem Muster angeordnet waren und abwechselnd in den Farben Blau, Grün, Rot und Orange erschienen. Die Aufeinanderfolge der Lichter geschah so schnell, daß alle Farben gleichzeitig gesehen werden konnten. Das Objekt und die nachjagende F-4 verfolgten einen Kurs südlich von Teheran, als ein anderes, helleuchtendes Objekt, das etwa die Hälfte oder ein Drittel der scheinbaren Größe des Mondes aufwies, aus dem ersten Objekt herauskam. Das zweite Objekt bewegte sich mit hoher Geschwindigkeit auf die F-4 zu. Der Pilot versuchte, eine AIM-9-Rakete auf das Objekt abzufeuern, aber in diesem Augenblick versagten sein Feuerleitpult und die Funkverbindung (UHF und Bordfunk) Jetzt leitete der Pilot ein Wendemanöver zusammen mit einem Sturzflug ein, um zu entkommen. Als er gewendet hatte, nahm das Objekt in einer Entfernung von 5-6 km die Verfolgung auf. Während er dem ersten Objekt zu entkommen versuchte, kehrte das zweite Objekt zu einer perfekten Wiederaufnahme zum ersten Objekt zurück.

Kurz darauf tauchte ein dritter Körper auf der anderen Seite des ersten Objektes auf und flog geradewärts mit hoher Geschwindigkeit abwärts. Die F-4 Mannschaft, deren Feuerleitpult und Funkanlagen nun wieder funktionierten, beobachtete das Objekt, das sich dem Boden näherte und sanft zu landen schien. Es warf ein sehr helles Licht auf ein 2-3 km weites Gebiet.

Am nächsten Morgen wurde die Mannschaft mit einem Helikopter in das scheinbare Landegebiet geflogen. An der Stelle, wo die Mannschaft den Landeplatz vermutete, wurde nichts gefunden, aber weiter westlich ein äußerst bemerkenswertes Pfeifsignal empfangen..."

Belgien: Luftwaffe bestätigt UFO-Jagd

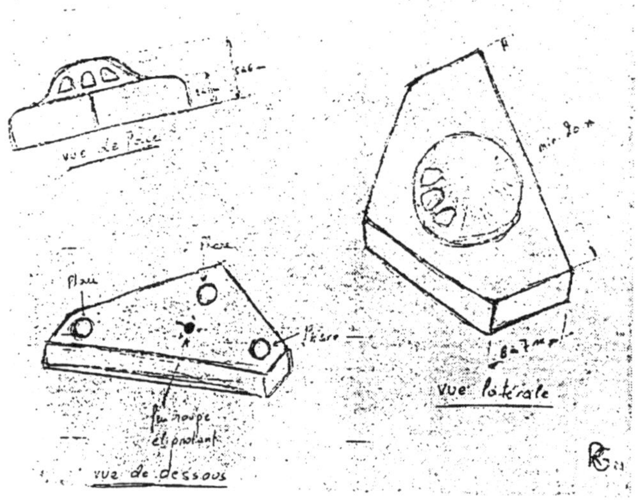

So zeichneten die Eupener Gendarmen H. Nicoll und H. von Montigny das UFO, das sie am 29.11.1989 verfolgten.

1989/90 war das NATO- und EG-Mitgliedsland Belgien Ziel einer UFO-Sichtungswelle, die in der europäischen Presse größte Beachtung fand.

Sichtungsgebiete: Die Region um Eupen (am Dreiländereck) sowie der Großraum Brüssel.

Zeugen: Über 20 Polizeibeamte, Luftwaffenpiloten, einige tausend Zivilisten (über 800 Zeugenberichte bei den Behörden eingegangen), ein wissenschaftlicher Tierfilmer, verschiedene TV-Teams, u.a. von RTL TV.

Einheitliche Beschreibung der Objekte: Dreieckig in der Grundform, mit je einem lichtstarken Scheinwerfer an jeder Ecke, in der Mitte ein rötliches, pulsierendes Licht. Einige Zeugen erwähnen eine Kuppel mit drei Fenstern auf der Oberseite. Lautlos, höchstens ein leises Summen hörbar. Zwischen 20 und 50 Metern breit.

Chronik der Ereignisse:

12.10.89: Einige dutzend Belgier, darunter Lehrer und Polizisten, melden UFO-Sichtungen, nachdem die Presse über das Erlebnis von Paul CROISSET an diesem Tag um 21.45 Uhr berichtet hat.

29.11.1989: Auf Streife beobachten die beiden Gendarmen Heinrich NICOLL und Hubert von MONTIGNY nahe Eupen gegen 17.30 Uhr, wie die drei Scheinwerfer des oben abgebildeten Objektes eine Wiese in ein gleißendes Licht tauchen "wie das Flutlicht eines Fußballstadions". Als sich das UFO, das in 200 Metern Höhe schwebt, in Bewegung setzt, nehmen die Polizisten die Verfolgung auf, benachrichtigen die Kollegen. Die Verfolgungsjagd endet nach 90 Minuten, als das Objekt über der Gileppe-Talsperre stehenbleibt, direkt über dem Aussichtsturm, und die Landschaft wieder in ein helles Licht taucht, bevor es verschwindet. Eine weitere Stunde lang beobachten mittlerweile 8 Polizisten das faszinierende Schauspiel, das damit endet, daß ein zweites, identisches UFO in schneller, zischender Fahrt über den Stausee rast. "Es war so hell, daß wir trotz abendlicher Dunkelheit die Zeitung hätten lesen können", erklärte einer der Gendarmen. Eine Anfrage der Gendarmerie am Flughafen Lüttich-Bierset ergab, daß zur selben Zeit auf dem Radarschirm "ein eigenartiger Flecken" ausgemacht worden sei. Lüttich alarmierte daraufhin die AWACS-Leitstelle der NATO in Geilenkirchen, die eine Maschine zur Beobachtung in den Eupener Raum entsandte. Als die Zeitungen von dem Vorfall berichteten, meldeten dich rund 150 Zeugen.

3.2.1990: In Spa wird ein Fußballspiel vom Schiedsrichter unterbrochen, als in niedriger Höhe ein riesiges UFO über den Platz gleitet. Spieler und Zuschauer starren gebannt in den Himmel. Ein Ehepaar in Charleroi erlebt, wie eine leuchtende Scheibe ihren Garten in ein bläuliches Licht taucht. Am nächsten Tag sind dort, wo das Licht am intensivsten war, die Stromkabel durchgeschmort.

30./31.3.1990: Gegen 23.00 Uhr erkennt der Gendarm RENKIN gemeinsam mit einigen Bekannten aus Ramilies am Brabanter Himmel einen großen Lichtpunkt, der sich in zickzackartigen Bewegungen den Beobachtern nähert. Der Polizist alarmiert die NATO-Luftraumüberwachung in Beauchevain und Glons, die das Objekt als nicht klar zu identifizierendes Echo auf ihren Radarschirmen ortet. Wenige Minuten später be-

Luftwaffe sichtete Ufo

Brüssel (dpa) - Die belgische Luftwaffe hat Ende März am Himmel der belgischen Provinz Wallonisch-Brabant offenbar tatsächlich ein unbekanntes Flugobjekt gesichtet. Ein Oberst der Luftwaffe bestätigte gestern in Brüssel, daß zwei von der Radarstation Glons (bei Tongeren in Ostbelgien) alarmierte F 16-Jäger in der Nacht zum 31. März auf ihren Radarschirmen ein „Ufo entdeckten, dessen Flugeigenschaften in keiner Weise einem Flugzeug entsprachen".

Die Luftwaffe bestätigt damit zumindest teilweise Berichte von Bürgern und Gendarmen über mysteriöse dreieckige Scheiben mit starken Scheinwerfern, die am Osterwochenende in Belgien zu einer wahren Jagd auf vermeintliche Ufos geführt hatten. Wie Oberst Wilfried de Brouwer mitteilte, habe das Objekt derart wendige Richtungswechsel vollzogen, zu denen kein herkömmliches Flugzeug imstande sei.

„Wir sind vorsichtig und wollen uns in keine Vermutung – wie etwa der außerirdischer Besucher – stürzen," sagte der Oberst. Es sei aber mit Sicherheit auszuschließen, daß es sich um ein Flugzeug, einen Wetterballon, Laserstrahlen oder eine Täuschung infolge von Inversionswetterlage handele. Die Auswertung der Radaraufnahmen habe außerdem gezeigt, daß das Ufo seine Fluggeschwindigkeit in wenigen Sekunden von 280 auf 1800 Kilometer/Stunde steigern könne. Eine bei der Durchbrechung der Schallmauer bei dieser Geschwindigkeit und Höhe übliche Schockwelle sei dabei nicht registriert worden.

Oben: **Ruhr Nachrichten**, 12.Juli 1990

stätigt der Kommandant der Gendarmeriebrigade von Wavre, PINSON, die Beobachtungen seines Kollegen. Weitere Polizisten in Hauchelette, Jodoigne und Thorembaisles-Béguines sehen ebenfalls das UFO. Mittlerweile hat die Militärische Luftraumüberwachung in Glons die Königlich-Belgische Luftwaffe informiert. Um genau 0.15 Uhr starten zwei F-16-Jäger von der Luftwaffenbasis Beauchevain. Das UFO verschwindet für etwa eine Stunde. Als es gegen 1.15 wieder auftaucht, kann es der Brüsseler Amateurfilmer ALFARANO auf Zelluloid bannen.

Die offizielle Bestätigung der UFO-Sichtungen folgte am 10. Juli 1990 auf einer Pressekonferenz des belgischen Verteidigungsministeriums. Wie der zuständige Offizier und Luftwaffensprecher, Oberst Wilfred de BROUWER erklärte, flog das am 31.3. geortete UFO auch nach Aufnahme der Verfolgung durch die beiden F-16-Abfangjäger weiterhin im Zick-Zack - und vollzog "DERART WENDIGE RICHTUNGSWECHSEL, ZU DENEN KEIN HERKÖMMLICHES FLUGZEUG IMSTANDE IST. SEINE FLUGEIGENSCHAFTEN ENTSPRACHEN JEDENFALLS IN KEINER WEISE DENEN EINES FLUGZEUGS." Innerhalb weniger Sekunden, so Oberst de BROUWER, hätte das verfolgte Objekt von 280 km/h auf 1800 km/h beschleunigt - eine Leistung, zu der tatsächlich kein irdisches Flugzeug in der Lage ist. Als es die Schallmauer durchbrach, gab es keinen Knall. Die Piloten der nur 800 km/h schnellen Abfangjäger sahen noch, wie das Licht an Höhe gewann und am Himmel verschwand - dann kehrten sie um.

"ES IST MIT SICHERHEIT AUSZUSCHLIESSEN, DASS ES SICH UM EIN FLUGZEUG, EINEN WETTERBALLON, LASERSTRAHLEN ODER EINE TÄUSCHUNG INFOLGE VON INVERSIONSWETTERLAGE HANDELT", erklärte Oberst de BROUWER.

UdSSR: "Keine irdische Flugmaschine"

ZUM ERSTEN MAL BESTÄTIGT EIN GENERAL EINER GROSSMACHT OFFIZIELL EINE UFO-BEGEGNUNG!

Datum: 21. März 1990, 21.38 Uhr
Ort: Pereslavl-Zalesskiy-Region, östlich von Moskau, UdSSR

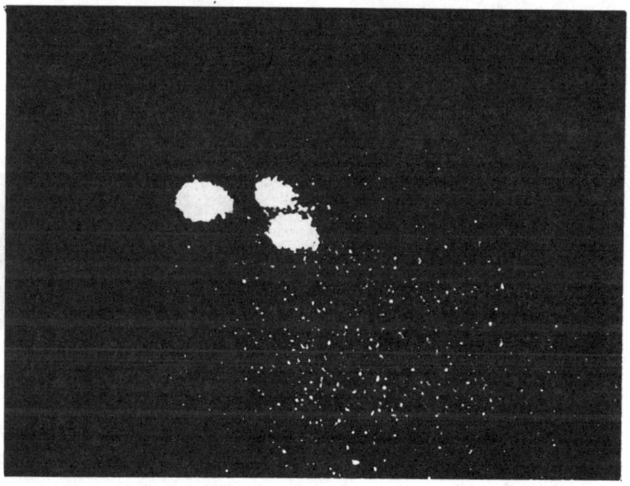

Diese Filmaufnahmen des geheimnisvollen Objektes machte das sowjetische Fernsehen. (Wir zeigen sie in unserem Begleitvideo "UFOs: DIE BEWEISE")

Sichtungsverlauf: Um 21.38 Uhr ortet Oberstleutnant A. A. SEMENCHENKO das Objekt auf Radar. Jeder Versuch einer Kontaktaufnahme über Funk scheitert. Zur selben Zeit erhält das Militär über 100 Anrufe von Zivilisten, die das UFO über der Yaroslavskiy-Autobahn sichten. Auch vier Offiziere der Luftwaffenbasis beobachten den Flugkörper. Zwei MiG-23-Abfangjäger werden gestartet, erhalten Befehl, das Objekt zu identifizieren. Die Piloten melden die Sichtung eines riesigen Flugobjektes, 100-200 Meter im Durchmesser, an dessen Seiten zwei pulsierende Lichter zu erkennen sind. Erst fliegt es parallel zur Erde, dann senkrecht in die Höhe, schließlich rotiert es in einer S-Kurve um die eigene Achse. Für einige Sekunden hängt es bewegungslos im Himmel, dann schießt es mit der dreifachen Geschwindigkeit einer MiG davon. Mit Zunahme der Geschwindigkeit beschleunigt sich das Blinken seiner Lichter.

Offizieller Kommentar von Luftwaffen-General Igor MALTSEV, Stabschef der Luftstreitkräfte der UdSSR, in der Zeitung "Rabochaya Tribuna", 19.4.1990: "DAS OBJEKT FLOG IN HÖHEN VON 1000 BIS 7000 METERN. DIE BEWEGUNGEN DES UFOS WAREN LAUTLOS UND GEKENNZEICHNET DURCH EINE UNGLAUBLICHE MANÖVRIERFÄHIGKEIT. ES SCHEINT SO, ALS HÄTTE DAS GESETZ DER MASSENTRÄGHEIT FÜR DAS OBJEKT KEINE GÜLTIGKEIT GEHABT. MIT ANDEREN WORTEN, SIE MÜSSEN IRGENDWIE DIE SCHWERKRAFT GEMEISTERT HABEN. DERZEIT GIBT ES KEINE IRDISCHEN MASCHINEN, DIE ÜBER SOLCHE FÄHIGKEITEN VERFÜGEN."

Astronauten sahen UFOs im Erdorbit und auf dem Mond...

"Viele Astronauten haben bestätigt, UFOs beobachtet zu habe..."

-NASA-Mitarbeiter Dr. M. Rebensburg

"Wissenschaftliche Untersuchung unbekannter Flugobjekte" durch die Universität von Colorado im Auftrag der US-Luftwaffe, 1966-1969:

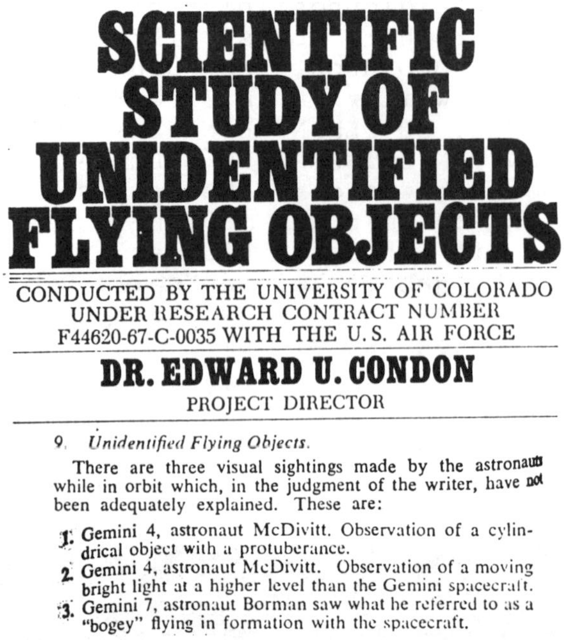
SCIENTIFIC STUDY OF UNIDENTIFIED FLYING OBJECTS

CONDUCTED BY THE UNIVERSITY OF COLORADO UNDER RESEARCH CONTRACT NUMBER F44620-67-C-0035 WITH THE U.S. AIR FORCE

DR. EDWARD U. CONDON

PROJECT DIRECTOR

9. *Unidentified Flying Objects.*

There are three visual sightings made by the astronauts while in orbit which, in the judgment of the writer, have not been adequately explained. These are:

1. Gemini 4, astronaut McDivitt. Observation of a cylindrical object with a protuberance.
2. Gemini 4, astronaut McDivitt. Observation of a moving bright light at a higher level than the Gemini spacecraft.
3. Gemini 7, astronaut Borman saw what he referred to as a "bogey" flying in formation with the spacecraft.

"Es gibt drei visuelle Beobachtungen, die durch die Astronauten im Erdorbit gemacht wurden, und die nach Ansicht des Verfassers (Prof. Dr. Edward U. Condon) nicht ausreichend erklärt werden konnten:

1/ GEMINI 4, Astronaut McDivitt. Beobachtung eines zylindrischen Objektes mit Protuperanzen.

2/ GEMINI 4, Astronaut McDivitt. Beobachtung eines hellen, sich bewegenden Lichtes, das höher war, als die Raumkapsel.

3/ GEMINI 7, Astronaut Borman sah etwas, das er als ein 'Bogey" bezeichnete, und das in Formation mit seinem Raumschiff flog."

Tatsächlich existieren Fotos dieser UFO-Sichtungen durch Astronauten:

Zu 1/: GEMINI IV-Foto eines "zylindrischen Objektes", 3. Juni 1966
NASA-Fotos

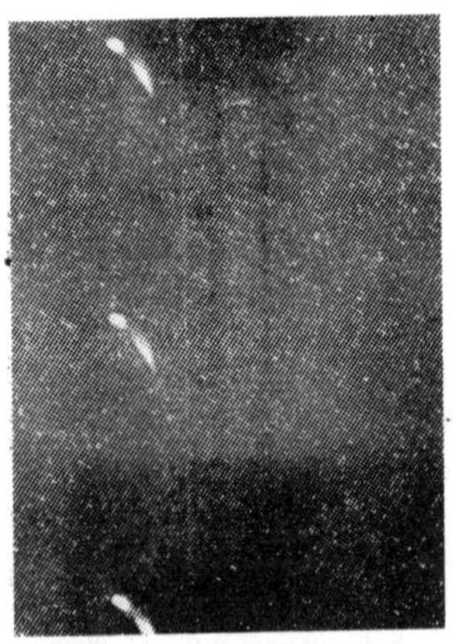

Zu 2/: GEMINI IV-Filmaufnahme eines "Lichtes", 4. Juni 1965

Zu 3/: GEMINI VII-Foto zweier "Bogeys" 4. Dezember 1965

Weitere Beobachtungen folgten nach 1965:

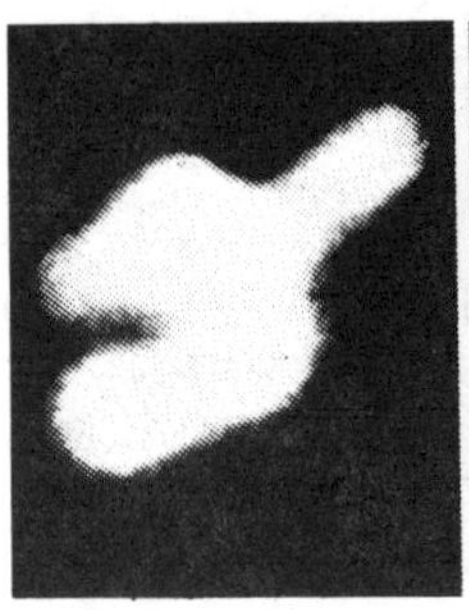

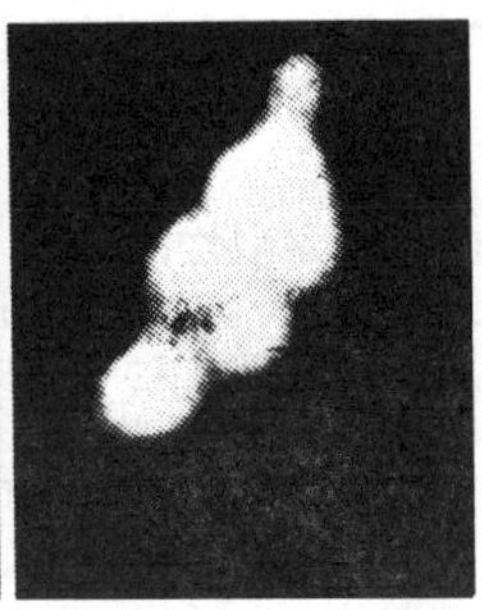

GEMINI XI, 12.Sept.1966

GEMINI XII, 12. und 13. November 1966

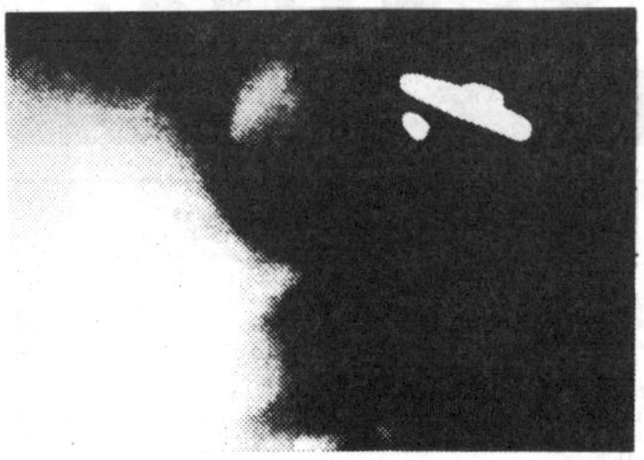
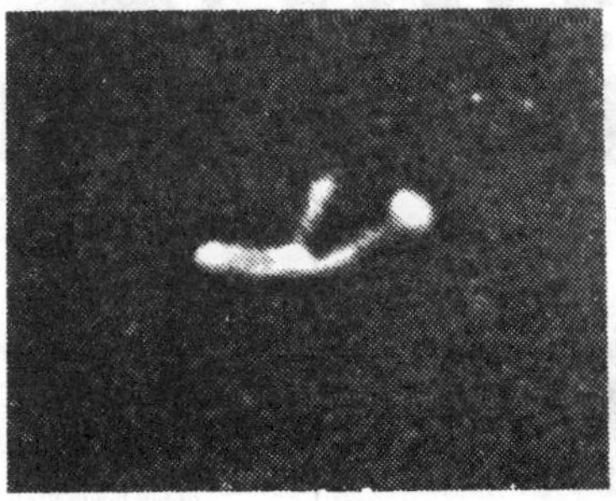
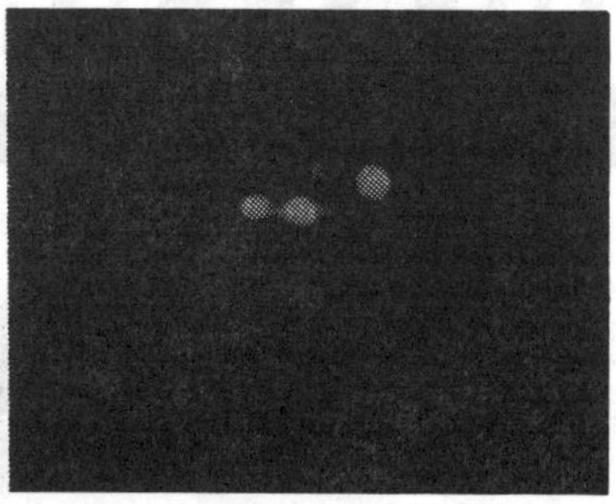

MERCURY I, 20. Februar 1962,
Astronaut John GLENN

SKYLAB III, 1973,
NASA-Foto #SL3-118-2140

APOLLO XI, 19. Juli 1969, einen Tag vor der historischen Mondlandung, filmte Astronaut Edwin ALDRIN zwei UFOs im Mondorbit.

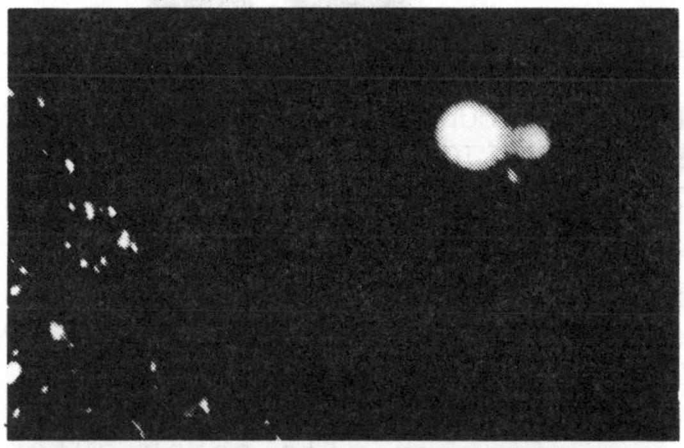

Nach Aussage von Dr. Maurice CHATELAIN, Leiter der NASA-Abteilung "Communications and Data Processing Systems" erschienen offenbar die selben "zwei Raumschiffe am Kraterrand, als die APOLLO XI-Fähre auf dem Grund des Kraters landete".

Diese Aussage wird bestätigt durch Prof. Dr. Vladimir Georgjevitch AZHAZHA von der sowjetischen Akademie der Wissenschaften, der am 24. November 1977 vor der Presseagentur NOVOSTI in Moskau erklärte:

"DER BERICHT DER AMERIKANISCHEN ASTRONAUTEN, DIE AUF DEM MOND LANDETEN, IST HÖCHST INTERESSANT. DIE APOLLO XI-CREW BEMERKTE DIE UFOs KURZ NACH IHREM START, HIELT SIE ABER FÜR EINEN TEIL IHRER SATURN V-TRÄGERRAKETE. ABER DIE OBJEKTE ESKORTIERTEN SIE, FLOGEN BALD VORAN...

ALS ARMSTRONG/ALDRIN AUF DEM MOND GELANDET WAREN, BEOBACHTETEN SIE SCHEIBENFÖRMIGE OBJEKTE AUF DER ANDEREN SEITE DES KRATERS. ARMSTRONG RIEF: 'VERDAMMT, SIE SIND SCHON DA!' AUF ANWEISUNG DES KONTROLLZENTRUMS IN HOUSTON SOLLTEN SIE FÜR UFOs DEN CODENAMEN 'SANTA CLAUS' VERWENDEN, ABER ARMSTRONG WAR SO SCHOKKIERT, DASS ER OHNE DEN CODE ZU BENUTZEN MELDETE: 'VOR UNS AUF DER ANDEREN SEITE DES KRATERS SCHWEBEN RAUMSCHIFFE KOSMISCHEN URSPRUNGS UND BEOBACHTEN UNS." (Übersetzung: ICUFON 1990)

DISCOVERY, 14. März 1989: "Wir beobachten noch immer das fremde Raumschiff..."

Am 14. März 1989, 6.42 Uhr EST, empfing Donald RATSCH vom "GODDARD AMATEUR RADIO CLUB" in Baltimore/Maryland, USA -ein Funkamateur-Club, der alle NASA-Weltraummissionen verfolgt- die jüngste UFO-Meldung eines Astronauten:

"HOUSTON, THIS IS DISCOVERY. WE STILL HAVE THE ALIEN SPACECRAFT UNDER OBSERVANCE..."
"HOUSTON, HIER DISCOVERY. WIR HABEN DAS FREMDE RAUMSCHIFF NOCH IMMER UNTER BEOBACHTUNG..."

Direkt nach dieser Durchgabe wurde die Funkfrequenz auf einen Sicherheitskanal umgeschaltet... Stimmanalysen ergaben, daß nicht DISCOVERY-Commander Lt. Col. John E. BLAHA das UFO meldete, sondern der Crew-Mediziner James F. BUCHLI. NASA-Sprecher James HATSFIELD: "Das Band ist echt..."

PRAESIDENTEN über UFOs

GERALD FORD

1966:

"ICH DENKE, WIR SIND ES DEM AMERIKANISCHEN VOLK SCHULDIG, UNSERE GLAUBWÜRDIGKEIT BEZÜGLICH DER UFOS WIEDERHERZUSTELLEN UND DIE ANGELEGENHEIT SO GUT WIE MÖGLICH AUFZUKLÄREN..."

... forderte am 28. März 1968 der Kongreßabgeordnete Gerald R. FORD, der sechs Jahre später Präsident der Vereinigten Staaten wurde...
... und offenbar alle seine guten Vorsätze vergaß...

CONGRESS OF THE UNITED STATES,
OFFICE OF THE MINORITY LEADER,
HOUSE OF REPRESENTATIVES,
Washington, D.C., March 28, 1966.

Representative L. MENDEL RIVERS,
Chairman, Armed Services Committee,
U.S. House of Representatives,
Washington, D.C.

DEAR CHAIRMAN RIVERS: No doubt you have noted the recent flurry of newspaper stories about unidentified flying objects (UFO's). I have taken special interest in these accounts because many of the latest reported sightings have been in my home State of Michigan.

The Air Force sent a consultant, Astrophysicist Dr. J. Allen Hynek of Northwestern University, to Michigan to investigate the various reports; and he dismissed all of them as the product of college student pranks or swamp gas or an impression created by the rising crescent moon and the planet Venus. I do not agree that all of these reports can be or should be so easily explained away.

Because I think there may be substance to some of these reports and because I believe the American people are entitled to a more thorough explanation than has been given them by the Air Force to date, I am proposing that either the Science and Astronautics Committee or the Armed Services Committee of the House schedule hearings on the subject of UFO's and invite testimony from both the executive branch of the Government and some of the persons who claim to have seen UFO's.

I enclose material which I think will be helpful to you in assessing the advisability of an investigation of UFO's.

May I first call to your attention a column by Roscoe Drummond, published last Sunday in which Mr. Drummond says, "Maybe all of these reported sightings are whimsical, imaginary or unreal; but we need a more credible and detached appraisal of the evidence than we are getting."

Mr. Drummond goes on to state, "We need to get all the data drawn together in one place and examined far more objectively than anyone has done so far. A stable public opinion will come from a trustworthy look at the evidence, not from belittling it.

"The time has come for the President or Congress to name an objective and respected panel to investigate, appraise, and report on all present and future evidence about what is going on."

I agree fully with Mr. Drummond's statements. I also suggest you scan the enclosed series of six articles by Bulkley Griffin of the Griffin-Larrabee News Bureau here. In the last of his articles, published last January, Mr. Griffin says, "A main conclusion can be briefly stated. It is that the Air Force is misleading the public by its continuing campaign to produce and maintain belief that all sightings can be explained away as misidentification of familiar objects, such as balloons, stars, and aircraft."

I have just today received a number of telegrams urging a congressional investigation of UFO's. One is from retired Air Force Col. Harold R. Brown, Ardmore, Tenn., who says, "I have seen UFO. Will be available to testify."

Another, from Mrs. Ethyle M. Davis, Eugene, Oreg., reads, "9 out of 10 people want truth of UFO's. Press your investigation to the fullest."

Ronald Colier of Los Angeles, who identifies himself as "a scientist from MIT," urges that you "do everything in your power to make Air Force Project Blue Book (the Air Force name for its study and verdicts on UFO reports) known to the people." Are we to assume that everyone who says he has seen UFO's is an unreliable witness?

A UPI story out of Ann Arbor, Mich., dated March 21, 1966, states that "at least 40 persons, including 12 policemen, said today that they saw a strange flying object guarded by 4 sister ships land in a swamp near here Sunday night."

Matt Surrell of Station WJR, Detroit, cites an eye witness account of a recent UFO sighting by Emile Grenier of Ann Arbor, an aeronautical engineer employed by Ford Motor Co. He points out that an aeronautical engineer can hardly be considered an untrustworthy witness.

In the firm belief that the American public deserves a better explanation than that thus far given by the Air Force, I strongly recommend that there be a committee investigation of the UFO phenomena.

I think we owe it to the people to establish credibility regarding UFO's and to produce the greatest possible enlightenment on this subject.

Kindest personal regards.

Sincerely,

GERALD R. FORD, *Member of Congress.*

Enclosures.

RONALD REAGAN

1974:

" ICH BEFAND MICH AN BORD MEINES FLUGZEUGS. ICH SCHAUTE AUS DEM FENSTER UND SAH DIESES WEISSE LICHT. ES ZOG IM ZICKZACK UMHER. ICH GING ZUM PILOTEN VOR UND FRAGTE IHN: 'HABEN SIE SCHON MAL SOETWAS GESEHEN?' ER WAR SCHOCKIERT UND VERNEINTE. ICH ERWIDERTE: 'DANN VERFOLGEN WIR ES!' ES WAR EIN HELLES WEISSES LICHT. WIR FOLGTEN IHM BIS NACH BAKERSFIELD, DOCH ZU UNSER ALLER VERBLÜFFUNG SCHOSS ES PLÖTZLICH HOCH IN DEN HIMMEL..."

... erzählte 1974 der damalige Gouverneur von Kalifornien, Ronald R. REAGAN Reportern. Sechs Jahre später wurde **REAGAN** zum Präsidenten der Vereinigten Staaten gewählt - und schwieg zum UFO-Thema. WARUM?

JIMMY CARTER

1976:

"ES WAR DAS VERRÜCKTESTE DING, DAS ICH JE GESEHEN HABE. ABER MIT MIR HABEN 20 MENSCHEN ZUGESCHAUT. DAS DING WAR GROSS, SEHR HELL, UND ES VERÄNDERTE SEINE FARBE. JA, ES WAR SO GROSS WIE DER MOND. WIR BEOBACHTETEN ES ZEHN MINUTEN LANG. ICH WERDE NIE WIEDER MENSCHEN VERSPOTTEN, DIE SAGEN, SIE HÄTTEN EIN UFO GESEHEN. WENN ICH PRÄSIDENT WERDE, WERDEN DIE UFO-INFORMATIONEN ZUGÄNGLICH GEMACHT WERDEN ..."

... versprach im Sommer 1976 James E. CARTER, Gouverneur von Georgia und Präsidentschaftskandidat der Demokraten, der selbst im Oktober 1969 Zeuge einer UFO-Sichtung geworden war und zu dieser sogar einen Fragebogen der US-UFO-Forschungsgruppe NICAP ausfüllte (nebenstehend)...

NATIONAL INVESTIGATIONS COMMITTEE ON AERIAL PHENOMENA (NICAP)®
3535 University Blvd. West
301-949-1267 Kensington, Maryland 20795

REPORT ON UNIDENTIFIED FLYING OBJECT(S)

This form includes questions asked by the United States Air Force and by other Armed Forces' investigating agencies, and additional questions to which answers are needed for full evaluation by NICAP.

After all the information has been fully studied, the conclusion of our Evaluation Panel will be published by NICAP in its regularly issued magazine or in another publication. Please try to answer as many questions as possible. Should you need additional room, please use another sheet of paper. Please print or typewrite. Your assistance is of great value and is genuinely appreciated. Thank you.

1. Name Jimmy Carter
   Address State Capitol Atlanta
   Telephone (404) 656-1776
   Place of Employment
   Occupation Governor
   Date of birth
   Education Graduate
   Special Training Nuclear Physics
   Military Service U.S. Navy
2. Date of Observation October 1969 Time AM PM 7:15 Time Zone EST
3. Locality of Observation Leary, Georgia
4. How long did you see the object? ________ Hours 10-12 Minutes ________ Seconds
5. Please describe weather conditions and the type of sky; i.e., bright daylight, nighttime, dusk, etc. Shortly after dark.
6. Position of the Sun or Moon in relation to the object and to you. Not in sight.
7. If seen at night, twilight, or dawn, were the stars or moon visible? Stars.
8. Were there more than one object? No. If so, please tell how many, and draw a sketch of what you saw, indicating direction of movement, if any.
9. Please describe the object(s) in detail. For instance, did it (they) appear solid, or only as a source of light; was it revolving, etc.? Please use additional sheets of paper, if necessary.
10. Was the object(s) brighter than the background of the sky? Yes.
11. If so, compare the brightness with the Sun, Moon, headlights, etc. At one time, as bright as the moon.
12. Did the object(s) — (Please elaborate, if you can give details.)
    a. Appear to stand still at any time? yes
    b. Suddenly speed up and rush away at any time?
    c. Break up into parts or explode?
    d. Give off smoke?
    e. Leave any visible trail?
    f. Drop anything?
    g. Change brightness? yes
    h. Change shape? size
    i. Change color? yes

Seemed to move toward us from a distance, stopped-moved partially away—returned, then departed. Bluish at first, then reddish, luminous, not solid.

13. Did object(s) at any time pass in front of, or behind of, anything? If so, please elaborate giving distance, size, etc, if possible. no.
14. Was there any wind? no. If so, please give direction and speed.
15. Did you observe the object(s) through an optical instrument or other aid, windshield, windowpane, storm window, screening, etc? What? no.
16. Did the object(s) have any sound? no What kind? How loud?
17. Please tell if the object(s) was (were) —
    a. Fuzzy or blurred. b. Like a bright star. c. Sharply outlined. X
18. Was the object — a. Self-luminous? X b. Dull finish? c. Reflecting? d. Transparent?

19. Did the object(s) rise or fall while in motion? came close, moved away-came close then moved away.

20. Tell the apparent size of the object(s) when compared with the following held at arm's length:

a. Pinhead
b. Pea
c. Dime
d. Nickel
e. Half dollar
f. Silver dollar
g. Orange
h. Grapefruit
i. Larger

Or, if easier, give apparent size in inches on a ruler held at arm's length. About the same as moon, maybe a little smaller. Varied from brighter/larger than planet to apparent size of moon.

21. How did you happen to notice the object(s)? 10-12 men all watched it. Brightness attracted us.

22. Where were you and what were you doing at the time? Outdoors waiting for a meeting to begin at 7:30pm

23. How did the object(s) disappear from view? Moved to distance then disappeared

24. Compare the speed of the object(s) with a piston or jet aircraft at the same apparent altitude. Not pertinent

25. Were there any conventional aircraft in the location at the time or immediately afterwards? If so, please elaborate. no.

26. Please estimate the distance of the object(s). Difficult. Maybe 300-1000 yards.

27. What was the elevation of the object(s) in the sky? Please mark on this hemisphere sketch.
About 30° above horizon.

28. Names and addresses of other witnesses, if any.

Ten members of Leary Georgia Lions Club

29. What do you think you saw?

a. Extraterrestrial device?
b. UFO?
c. Planet or star?
d. Aircraft?
e. Satellite?
f. Hoax?
g. Other? (Please specify).

30. Please describe your feelings and reactions during the sighting. Were you calm, nervous, frightened, apprehensive, awed, etc.? If you wish your answer to this question to remain confidential, please indicate with a check mark. (Use a separate sheet if necessary)

31. Please draw a map of the locality of the observation showing North; your position; the direction from which the object(s) appeared and disappeared from view; the direction of its course over the area; roads, towns, villages, railroads, and other landmarks within a mile.

Appeared from West--About 30° up.

32. Is there an airport, military, governmental, or research installation in the area? No

33. Have you seen other objects of an unidentified nature? If so, please describe these observations, using a separate sheet of paper. No

34. Please enclose photographs, motion pictures, news clippings, notes of radio or television programs (include time, station and date, if possible) regarding this or similar observations, or any other background material. We will return the material to you if requested. None

35. Were you interrogated by Air Force investigators? By any other federal, state, county, or local officials? If so, please state the name and rank or title of the agent, his office, and details as to where and when the questioning took place.

Were you asked or told not to reveal or discuss the incident? If so, were any reasons or official orders mentioned? Please elaborate carefully. No.

36. We should like permission to quote your name in connection with this report. This action will encourage other responsible citizens to report similar observations to NICAP. However, if you prefer, we will keep your name confidential. Please note your choice by checking the proper statement below. In any case, please fill in all parts of the form, for our own confidential files. Thank you for your cooperation.

You may use my name. (x)

Please keep my name confidential. ( )

37. Date of filling out this report

9-18-73

Signature: Jimmy Carter

Jimmy Carter

Jimmy CARTER hielt sein Versprechen:

1977 trat das "Freedom of Information Act" 5 U.S.C. § 552 in Kraft, demzufolge jeder US-Bürger das Recht hat, bisher geheimgehaltene Informationen von der betreffenden Dienststelle anzufordern, sofern er DEREN AKTENNUMMER ANGEBEN KANN (und) DIESE INFORMATIONEN NICHT DIE NATIONALE SICHERHEIT GEFÄHRDEN.

Noch im selben Jahr forderte die UFO-Forschungsgruppe GSW (Ground Saucer Watch) aus Arizona UFO-Dokumente beim CIA an, deren Freigabe jedoch von CIA-Informationskoordinator C. F. WILSON

AUS GRÜNDEN DER NATIONALEN SICHERHEIT

verweigert wurde. GSW prozessierte gegen den Geheimdienst und obsiegte. Der CIA, der bis dahin immer abgestritten hatte, je etwas mit UFOs zu tun gehabt zu haben, mußte 935 Seiten UFO-Dokumente und -Akten freigeben. Insgesamt kamen die UFO-Forscher bis 1980 (Beginn der REAGAN-Ära) in den Besitz von 3000 Seiten, die größtenteils mit SECRET, TOP SECRET oder CONFIDENTIAL klassifiziert gewesen sind: Ein Beweis, daß die UFOs unter strenger Geheimhaltung standen.

CENTRAL INTELLIGENCE AGENCY
WASHINGTON, D.C. 20505

14 December 1978

Peter A. Gersten, Esquire
Rothblatt, Rothblatt, Seijas & Peskin
191 East 161st Street
Bronx, New York 10451

Dear Mr. Gersten:

Re: Ground Saucer Watch, Inc. v. CIA, et al., Civil Action Number 78-859

This letter covers the release of CIA documents responsive to the Freedom of Information Act (FOIA) request at issue in the above-designated litigation. A total of 397 CIA documents were retrieved to date in the process of responding to this FOIA request. You will find that a total of 340 documents of approximately 900 pages have been released and are enclosed. 57 documents were withheld in their entirety pursuant to exemptions under the FOIA. There may be a few duplicate documents, although most have been removed.

To date, a total of 196 documents were retrieved from CIA files which were originated by other U.S. Government agencies. These documents have been referred to the originating agencies for response to you. The breakdown by agency for these documents is as follows:

a.	Air Force	76
b.	National Archives	1
c.	DIA	19
d.	Army	30
e.	Navy	11
f.	NSA	18
g.	State Department	41

I shall forward copies of the letters of transmittal regarding these referred documents in the near future.

The fee for reproduction of the Agency originated released documents is 10 cents a page. Please forward by return mail to CIA a check or money order in the amount of $90.00 made payable to the order of the Treasurer of the United States.

Respectfully,

George Owens
George Owens
Information & Privacy Coordinator

Als jedoch am 28. Oktober 1981 die Arlingtoner Bürgerinitiative "Citizen against UFO-Secrecy" (Bürger gegen UFO-Geheimhaltung) gegen den Super-geheimen "Nationalen Sicherheitsdienst" (NSA) auf Freigabe von 135 UFO-Dokumenten klagte, wendete sich das Blatt zu ihren Ungunsten - das höchste Gericht der Vereinigten Staaten entschied, daß der NSA weiterhin Informationen über UFOs geheimhalten darf, da die Veröffentlichung bestimmter Daten die nationale Sicherheit gefährde...

AP 165 4 vm. 130

UFO
US-Regierung darf Informationen über UFO geheimhalten =

Washington, 8. März (AP) Die amerikanische Sicherheitsbehörde (NSA) der USA darf einer Entscheidung des Obersten Gerichtshofes vom Montag zufolge Informationen über unbekannten Flugobjekte, kurz UFO genannt, weiterhin geheimhalten. Eine Gruppe von „Bürgern gegen das UFO-Geheimnis" hatte versucht, von der Behörde die Herausgabe sämtlicher geheimer Informationen über UFO zu erzwingen. Das jetzt ergangene Urteil bestätigte jedoch eine gerichtliche Entscheidung, der zufolge eine Veröffentlichung bestimmter Daten die Arbeit der Behörde und die nationale Sicherheit gefährden könne und daher eine Geheimhaltung zulässig sei.
Ende
AP/251/bb
<
081741 MEZ MAR 82<

TELEX

... ein kosmisches Watergate ?

"42 ...

TOP SECRET

CONFIDENTIAL

DEPARTMENT OF TRANSPORT

INTRA-DEPARTMENTAL CORRESPONDENCE

OTTAWA, Ontario, November 21, 1950.

PLACE DATE

OUR FILE

Geo-Magnetics (R.ST.)

Downgraded to CONFIDENTIAL SEE MEMO 15/4/69

MEMORANDUM TO THE CONTROLLER OF TELECOMMUNICATIONS:

For the past several years we have been engaged in the study of various aspects of radio wave propagation. The vagaries of this

...

indicated that they operated on some hitherto unknown magnetic principles. It appeared to me that our own work in geo-magnetics might well be the linkage between our technology and the technology by which the saucers are designed and operated. If it is assumed that our geo-magnetic investigations are in the right direction, the theory of operation of the saucers becomes quite straightforward, with all observed features explained qualitatively and quantitatively.

I made discreet enquiries through the Canadian Embassy staff in Washington who were able to obtain for me the following information:

a. The matter is the most highly classified subject in the United States Government, rating higher even than the H-bomb.

b. Flying saucers exist.

c. Their modus operandi is unknown but concentrated effort is being made by a small group headed by Doctor Vannevar Bush.

d. The entire matter is considered by the United States authorities to be of tremendous significance.

I was further informed that the United States authorities are investigating along quite a number of lines which might possibly be related to the saucers such as mental phenomena and I gather that they are not doing too well since

...

project which, if authorized, will enable us to proceed with this research work within our own organization.

W B Smith

(W.B. Smith)
Senior Radio Engineer

Concur
22/11/50.

Go ahead with it & keep me posted from time to time

G.P. Edwards
2/12/50

WBS/CC

Das größte Geheimnis des Weißen Hauses

Als die "Fliegenden Untertassen" auch in Kanada gesichtet wurden, plante das Verkehrsministerium eine gründliche UFO-Studie. Beauftragt mit den Nachforschungen wurde Ingenieur WILBERT B. SMITH, der bald darauf das "PROJECT MAGNET" ins Leben rief, dessen Ziel es war, den Antriebsmechanismus der UFOs zu erforschen.

1950 erschien in den USA FRANK SCULLYs Bestseller "BEHIND THE FLYING SAUCERS". Scully greift darin Gerüchte auf, denen zufolge die US-Luftwaffe zwischen 1947 und 1950 in den Besitz dreier abgestürzter "Untertassen" gekommen sind.

Während die Luftwaffe diese Berichte offiziell dementierte, erfuhr SMITH bei Recherchen in Washington auf höchster Ebene, daß SCULLYs Behauptungen "in der Substanz richtig" sind.

In einem als STRENG GEHEIM klassifizierten Memorandum vom 21. November 1950 an den Verkehrsminister erklärt SMITH:

> "ICH LIESS DISKRETE NACHFORSCHUNGEN DURCH DIE KANADISCHE BOTSCHAFT IN WASHINGTON DURCHFÜHREN, WO MAN MIR DIE FOLGENDEN INFORMATIONEN VERSCHAFFTE:
>
> a. DAS THEMA HAT DIE HÖCHSTE GEHEIMHALTUNGSSTUFE DER REGIERUNG DER VEREINIGTEN STAATEN, NOCH WEIT HÖHER ALS DIE DER WASSERSTOFFBOMBE.
>
> b. FLIEGENDE UNTERTASSEN EXISTIEREN.
>
> c. IHR MODUS OPERANDI IST UNBEKANNT, WIRD ABER VON EINER KLEINEN GRUPPE UNTER LEITUNG VON DOKTOR VANNEVAR BUSH KONZENTRIERT UNTERSUCHT.
>
> c. DIE GANZE ANGELEGENHEIT HAT FÜR DIE BEHÖRDEN DER VEREINIGTEN STAATEN EINE UNGEHEURE BEDEUTUNG."

USA:Top-Wissenschaftler untersuchten abgestürzte "Untertassen"

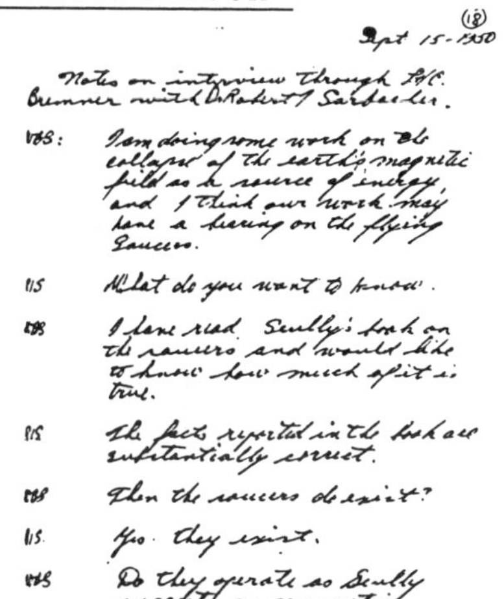
(18)
Sept 15-1950
Notes on interview through W/C. Bremner with Dr. Robert I Sarbacher.
WBS: I am doing some work on the collapse of the earth's magnetic field as a source of energy, and I think our work may have a bearing on the flying saucers.
RS: What do you want to know.
WBS: I have read Scully's book on the saucers and would like to know how much of it is true.
RS: The facts reported in the book are substantially correct.
WBS: Then the saucers do exist?
RS: Yes they exist.
WBS: Do they operate as Scully suggests, on magnetic principles?

Tatsächlich fanden sich im Nachlaß von WILBERT SMITH seine handschriftlichen Protokolle einer geheimen Unterredung mit dem US-Top-Wissenschaftler Dr. ROBERT I. SARBACHER im Beisein des Verteidigungsattachees der Kanadischen Botschaft in Washington, Oberstleutnant BREMNER am 15. September 1950. Beide Namen belegen, daß die "diskreten Nachforschungen" der kanadischen Botschaft auf höchster Ebene stattfanden. SARBACHER war damals Forschungsdirektor der WEDD-Laboratorien und Berater des "Forschungs- und Entwicklungsrates" der US-Regierung mit eigenem Büro im Pentagon.

Aus SMITHs Protokoll (WS = Ing. Wilbert B. SMITH
RS = Dr. Robert SARBACHER):

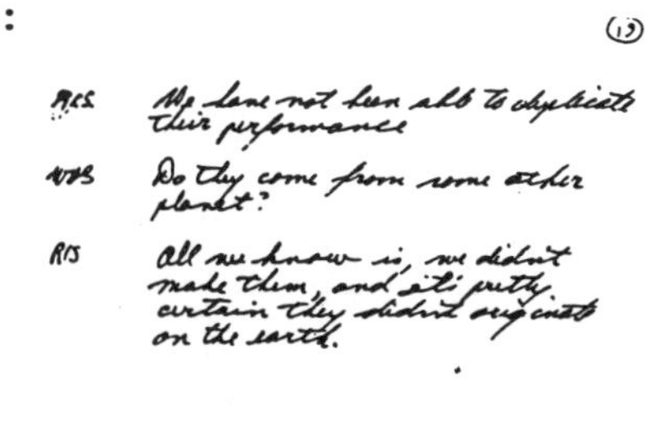
(19)
RS: We have not been able to duplicate their performance
WBS: Do they come from some other planet?
RS: All we know is, we didn't make them, and it's pretty certain they didn't originate on the earth.

WS: ICH HABE SCULLYS BUCH ÜBER DIE UNTERTASSEN GELESEN UND WÜSSTE GERNE, WIEVIEL DAVON WAHR IST.

RS: DER INHALT DES BUCHES IST IN DER SUBSTANZ WAHR.

WBS I understand the whole subject of saucers is classified

RIS. Yes it is classified two points higher even than the H-bomb. In fact it is the most highly classified subject in the US Government at the present time.

WBS May I ask the reason for the classification?

RIS You may ask, but I can't tell you

(20)

WBS Is there any way in which I can get more information, particularly as it might fit in with our own work.

RIS. I suppose you could be cleared through your own Defense Department and I am pretty sure arrangements could be made to exchange information. If you have anything to contribute, we would be glad to talk it over, but I can't give you any more at the present time.

Note: The above is written out from memory following the interview. I have tried to keep it as nearly verbatim as possible.

Smith/Sarbacher, Fortsetzung

WS: DANN EXISTIEREN DIE UNTERTASSEN?

RS: JA, ES GIBT SIE.

WS: OPERIEREN SIE, WIE SCULLY SCHREIBT, AUF DER GRUNDLAGE MAGNETISCHER PRINZIPIEN?

RS: WIR WAREN BISHER NOCH NICHT IN DER LAGE, IHREN ANTRIEBSMECHANISMUS NACHZUBAUEN.

WS: SO KOMMEN SIE ALSO VON EINEM ANDEREN PLANETEN?

RS: ALLES, WAS ICH WEISS, IST, DASS WIR SIE NICHT GEBAUT HABEN UND ES ZIEMLICH SICHER IST, DASS SIE NICHT VON DER ERDE STAMMEN.

WS: WENN ICH ES RICHTIG VERSTANDEN HABE, STEHT DAS GANZE THEMA DER UNTERTASSEN UNTER GEHEIMHALTUNG.

RS: JA, ES IST ZWEI STUFEN HÖHER KLASSIFIZIERT ALS DIE WASSERSTOFFBOMBE. TATSÄCHLICH IST ES DERZEIT DIE AM HÖCHSTEN KLASSIFIZIERTE ANGELEGENHEIT DER US-REGIERUNG.

Am 29. September 1983 bestätigte ROBERT I. SARBACHER, zu diesem Zeitpunkt Präsident des "Washington Institute of Technology", in einem Schreiben an UFO-Forscher WILLIAM STEINMAN, daß er

WASHINGTON INSTITUTE OF TECHNOLOGY
OCEANOGRAPHIC AND PHYSICAL SCIENCES

DR. ROBERT I. SARBACHER
PRESIDENT AND CHAIRMAN OF BOARD

November 29, 1983

Mr. William Steinman
15043 Rosalita Drive
La Mirada, California 90638

Dear Mr. Steinman:

I am sorry I have taken so long in answering your letters. However, I have moved my office and have had to make a number of extended trips.

To answer your last question in your letter of October 14, 1983, there is no particular reason I feel I shouldn't or couldn't answer any or all of your questions. I am delighted to answer all of them to the best of my ability.

You listed some of your questions in your letter of September 12th. I will attempt to answer them as you had listed them.

1. Relating to my own experience regarding recovered flying saucers, I had no association with any of the people involved in the recovery and have no knowledge regarding the dates of the recoveries. If I had I would send it to you.

2. Regarding verification that persons you list were involved, I can only say this:

John von Neuman was definitely involved. Dr. Vannever Bush was definitely involved, and I think Dr. Robert Oppenheimer also.

My association with the Research and Development Board under Doctor Compton during the Eisenhower administration was rather limited so that although I had been invited to participate in several discussions associated withthe reported recoveries, I could not personally attend the meetings. I am sure thatthey would have asked Dr. von Braun, and the others that you listed were probably asked and may or may not have attended. This is all I know for sure.

[illegible]

Mr. William Steinman
November 29, 1983 - Page 2

3. I did receive some official reports when I was in my office at the Pentagon but all of these were left there as at the time we were never supposed to take them out of the office.

4. I do not recall receiving any photographs such as you request so I am not in a position to answer.

5. I have to make the same reply as on No. 4.

I recall the interview with Dr. Brenner of the Canadian Embassy. I think the answers I gave him were the ones you listed. Naturally, I was more familiar with the subject matter under discussion, at that time. Actually, I would have been able to give more specific answers had I attended the meetings concerning the subject. You must understand that I took this assignment as a private contribution. We were called "dollar-a-year men." My first responsibility was the maintenance of my own business activity so that my participation was limited.

About the only thing I remember at this time is that certain materials reported to have come from flying saucer crashes were extremely light and very tough. I am sure our laboratories analyzed them very carefully.

There were reports that instruments or people operating these machines were also of very light weight, sufficient to withstand the tremendous deceleration and acceleration associated with their machinery. I remember in talking with some of the people at the office that I got the impression these "aliens" were constructed like certain insects we have observed on earth, wherein because of the low mass the inertial forces involved in operation of these instruments would be quite low.

I still do not know why the high order of classification has been given and why the denial of the existence of these devices.

I am sorry it has taken me so long to reply but I suggest you get in touch with the others who may be directly involved in this program.

Sincerely yours,

Dr. Robert I. Sarbacher

P. S. It occurs to me that Dr. Bush's name is inccorrect as you have it. Please check the spelling.
and so I leave it

"... WÄHREND DER EISENHOWER-ÄRA ... EINGELADEN WURDE, AN VERSCHIEDENEN DISKUSSIONEN ÜBER DIE BERGUNGEN TEILZUNEHMEN...
... EINIGE OFFIZIELLE BERICHTE DARÜBER ERHIELT, WENN ICH IN MEINEM BÜRO IM PENTAGON WAR...
... ICH MICH ERINNERE, DASS VERSCHIEDENE MATERIALIEN, DIE DEN BERICHTEN ZUFOLGE AUS DEN ABGESTÜRZTEN UNTERTASSEN GEBORGEN WURDEN, EXTREM LEICHT UND SEHR WIDERSTANDSFÄHIG WAREN. ICH BIN SICHER, DASS UNSERE LABORATORIEN SIE SEHR SORGFÄLTIG UNTERSUCHT HABEN...

... ES GAB BERICHTE, DASS DIE INSTRUMENTE ODER LEUTE, DIE SIE BEDIENTEN, EBENFALLS EXTREM LEICHT GEWESEN SEIEN, UND DEN EXTREMEN BESCHLEUNIGUNGEN UND GESCHWINDIGKEITSVERRINGERUNGEN STANDHALTEN KONNTEN, ZU DENEN IHRE SCHIFFE IN DER LAGE WAREN. ICH ERINNERE MICH, MIT EINIGEN LEUTEN IM BÜRO (im Pentagon) DARÜBER GESPROCHEN ZU HABEN, DASS DIESE 'FREMDEN' BIOLOGISCH KONSTRUIERT WAREN WIE GEWISSE INSEKTEN, DIE WIR HIER AUF DER ERDE KENNEN..."

Roswell, 2. Juli 1947: Der erste Absturz einer "Fliegenden Scheibe"...

San Francisco Chronicle

Founded by M. H. de Young, Publisher 1865 to 1925

GEORGE T. CAMERON, Publisher — PAUL C. SMITH, Editor

SAN FRANCISCO CHRONICLE, WEDNESDAY, JULY 9, 1947 CCCCAA

ROSWELL STATEMENT

A platter - puzzled Nation thought it was about to get the answer to the mystery of the "flying discs" yesterday.

A press relations officer at the Roswell Army Air Base in New Mexico announced without qualification that the 509th Bomb Group had picked up a flying disc which landed on a nearby ranch last week.

Here is the unqualified statement issued by the Roswell Army Base public relations officer:

"The many rumors regarding the flying disc became a reality yesterday when the intelligence office of the 509th Bomb Group of the Eighth Air Force, Roswell Army Air Field, was fortunate enough to gain possession of a disc through the co-operation of one of the local ranchers and the Sheriff's office of Chaves county.

"The flying object landed on a ranch near Roswell sometime last week. Not having phone facilities, the rancher stored the disc until such time as he was able to contact the Sheriff's office, who in turn notified Major Jesse A. Marcel, of the 509th Bomb Group Intelligence office.

"Action was immediately taken and the disc was picked up at the rancher's home. It was inspected at the Roswell Army Air Field and subsequently loaned by Major Marcel to higher headquarters."

San Francisco Chronicle, (und unzählige andere Blätter im Lande), 9. Juli 1947:

"DIES IST DIE UNBESTÄTIGTE ERKLÄRUNG, DIE DER PRESSEOFFIZIER DER ROSWELL-BASIS FREIGAB:

'DIE VIELEN GERÜCHTE UM DIE FLIEGENDEN SCHEIBEN SIND GESTERN REALITÄT GEWORDEN, ALS DAS 509. BOMBERGESCHWADER DER LUFTWAFFE DAS GLÜCK HATTE, IN DEN BESITZ EINER SCHEIBE ZU KOMMEN. DAS FLIEGENDE OBJEKT GING IRGENDWANN LETZTE WOCHE AUF EINER RANCH BEI ROSWELL NIEDER. DA ER KEIN TELEFON HATTE, DEPONIERTE DER RANCHER DIE SCHEIBE, BIS ER DAS BÜRO DES SHERIFFS ERREICHEN KONNTE, DER WIEDERUM MAJOR JESSE A. MARCEL VOM 509. BOMBERGESCHWADER BENACHRICHTIGTE. ES WURDE SOFORT GEHANDELT UND DIE SCHEIBE AUF DEM GRUNDSTÜCK DES RANCHERS GEBORGEN. SIE WURDE AUF DER ROSWELL-BASIS UNTERSUCHT UND DANN VON MAJOR MARCEL HÖHEREN DIENSTSTELLEN ZUGELEITET."

... und das Dementi

Am nächsten Tag erklärte General Roger M. RAMEY, Commander der Roswell-AFB, auf Anweisung des Pentagon die Scheibe zu einem simplen WETTERBALLON.

Disc Solution Collapses

'Flying Saucer' Find Turns Out to Be A Weather Balloon

RAMEY BROADCAST

There was immediately much telephoning from the Pentagon in Washington, and then Brigadier General Roger M. Ramey, commanding the Eighth Air Force at Fort Worth, said the object had been identified as the wreckage of a high-altitude weather observation device.

General Ramey later made a radio broadcast further to deflate the excitement caused by the first announcement.

Originally, he said, it consisted of a box-kite and a ballon.

"The wreckage is in my office right now and as far as I can see there is nothing to get excited about," he said.

The device, a star-shaped tinfoil target designed to reflect radar, is incapable of speeds higher than the wind.

The mysterious flying discs which have been "seen" all over the Nation (except Kansas, which is dry) have been described as traveling at speeds up to 1200 miles an hour.

(This isn't the first time people have seen "flying discs."

Daß dem nicht so war bewiesen die US-UFO-Forscher William MOORE und Atomphysiker Stanton FRIEDMAN durch umfangreiche Recherchen (siehe auch: Berlitz/Moore: DER ROSWELL-ZWISCHENFALL, 1980). So gelang es MOORE und FRIEDMAN, mit 92 Zeugen zu sprechen, deren Aussagen deutlich der "offiziellen Version" des Roswell-Zwischenfalls widersprachen...

Darunter die Aussage von Dr. med J.A.MARCEL, dem Sohn des Geheimdienstoffiziers Major (später Oberst) JESSE A. MARCEL, der die Bergung leitete. J.A.MARCEL, damals ein zwölfjähriger Junge, hatte der Bergung beiwohnen dürfen. J.A.MARCEL schreibt am 21. Oktober 1981:

HELENA EAR NOSE & THROAT CLINIC
W. J. SIMIC M.D. J. A. MARCEL M.D.
805 HELENA AVENUE
HELENA MONTANA 59601
442 2410

21 October 1981

Mr. Lee Graham
526 W. Maple
Monrovia, CA 91016

Dear Mr. Graham:

Thank you for your inquiry regarding the most recent book that was published on flying saucers. I would be happy to answer your questions as I see fit.

In your first question, you ask, in my opinion, was the debris I saw portions of what was then known as a flying saucer. I can only answer that the crash and remnants of the device that I happened to be present to see have left an imprint on my memory that can never be forgotten. I am currently undergoing training as a Flight Surgeon in the Army Air National Guard, and have examined the remnants of many conventional aircraft that have undergone unfortunate maneuvers, and what I saw in 1947 is unlike any of the current aircraft ruinage I have studied. This craft was not conventional in any sense of the word, in that the remnants were most likely that what was then known as a flying saucer that apparently had been stressed beyond its designed capabilities. I'm basing this on the fact that many of the remnants, including the eye-beam pieces that were present, had strange hieroglyphic type writing symbols across the inner surfaces. It appeared to me at that time that the symbols were not derived from the Greek or the Russian alphabet, nor of Egyptian origin with their animal symbols. The remainder of the debris was just described as nondescript metallic debris, or just shredded fragments, but there was a fair amount of the intact eye-beam members present. No electronic gear was seen at that time. I only saw a small portion of the debris that was actually present at the crash site.

Your second question is, what is my opinion of Doctrine A. Doctrine A appears to be a very interesting reading, but without verification remains just that.

Question 3--Do you believe our government has crashed-saucer artifacts, and why do I feel that they are still withholding this evidence from the public. The answer

Mr. Lee Graham
21 October 1981
Page 2

is, I do know that the crash remnants of this one saucer are maintained somewhere, most likely at Wright-Patterson Air Force Base from what I understand, and if there is one artifact present, there most likely are other devices also. I can only guess as to why they are withholding the evidence. My feeling is that they feel there really is no hard evidence of any unconventional aircraft on hand, and all of this is the product of fraud or overactive imagination. I suspect the more likely explanation is that the evidence is real and that they just don't want the "horrible truth" leaked out, and are fearful of worldwide pandemonium such as a localized scare produced by the Orsan Welles broadcast of the Martian invasion of the U. S. in the 1930's.

Question 4--Do I have the address where my father can be located. Yes, I've talked with him about your inquiry and he felt that he would be glad to talk with you or discuss this with you if you have a scientific interest in this. My parents live in Houma, Louisiana. Their phone number is Area Code 504, 876-0993, and the address is: Mr. and Mrs. Jesse A. Marcel, RFD 5, Box 330, Ozia Street - Skyline Drive, Houma, Louisiana 70360.

Sincerely,

J. A. MARCEL, M.D.

"... DER ABSTURZ UND DIE ÜBERRESTE DER VORRICHTUNG, DIE ICH SEHEN KONNTE, HABEN AUF MICH EINEN SOLCHEN EINDRUCK GEMACHT, DASS ICH SIE NIE VERGESSEN KÖNNTE. (...) ICH HABE DIE ÜBERRESTE VIELER KONVENTIONELLER FLUGZEUGE (als Arzt) UNTERSUCHT,(...) DOCH WAS ICH 1947 SAH, ÄHNELTE IN KEINER WEISE DEN ÜBLICHEN FLUGZEUGABSTÜRZEN, DIE ICH ERLEBT HABE.
DIESES OBJEKT WAR IN KEINER WEISE KONVENTIONELL UND GLICH AM EHESTEN DEM, WAS DAMALS ALS FLIEGENDE UNTERTASSE BEKANNT WAR. (...) DIES SCHON AUFGRUND DER TATSACHE, DASS VIELE DER ÜBERRESTE (...) AN DEN INNENSEITEN VON FREMDARTIGEN HIEROGLYPHEN BEDECKT WAREN.

(...) ICH WEISS, DASS DIE ÜBERRESTE DIESER UNTERTASSE IRGENDWO AUFBEWAHRT WERDEN, HÖCHST WAHRSCHEINLICH IN DER WRIGHT PATTERSON LUFTWAFFENBASIS, SOWEIT ICH VERSTANDEN HABE, UND WENN DORT EIN BRUCHSTÜCK IST, DANN SIND DORT SEHR WAHRSCHEINLICH AUCH ANDERE EXEMPLARE. ICH KANN NUR RATEN, WARUM SIE DIE BEWEISE ZURÜCKHALTEN..."

Majestic 12: Der Beweis

Am 10. Dezember 1984 wurden dem amerikanischen Filmproduzenten JAIME SHANDERA Negativfilme eines sensationellen Geheimberichtes zugespielt.

Dieses TOP SECRET/EYES ONLY Dokument (höchste Geheimhaltungsstufe: Nur ein Exemplar, das nur von Personen mit spezieller Befugnis eingesehen werden darf) entpuppte sich als "Kurzbericht über die Operation Majestic 12", am 18. November 1982 für den neugewählten Präsidenten DWIGHT D. EISENHOWER zusammengestellt.

Diesem Geheimbericht zufolge handelt es sich bei der "OPERATION MAJESTIC 12" um eine "STRENG GEHEIME FORSCHUNGS UND ENTWICKLUNGS/NACHRICHTENDIENSTLICHE OPERATION, DIE EINZIG DEM PRÄSIDENTEN DER VEREINIGTEN STAATEN UNTERSTEHT UND VERANTWORTLICH IST."

NATIONAL SECURITY INFORMATION

* TOP SECRET *

EYES ONLY

COPY ONE OF ONE.

BRIEFING DOCUMENT: OPERATION MAJESTIC 12

PREPARED FOR PRESIDENT-ELECT DWIGHT D. EISENHOWER: (EYES ONLY)

18 NOVEMBER, 1952

WARNING! This is a TOP SECRET - EYES ONLY document containing compartmentalized information essential to the national security of the United States. EYES ONLY ACCESS to the material herein is strictly limited to those possessing Majestic-12 clearance level. Reproduction in any form or the taking of written or mechanically transcribed notes is strictly forbidden.

OPERATION MAJESTIC 12 wurde nur wenige Monate nach dem Roswell-Zwischenfall "durch eine speziell klassifizierte Exekutivanweisung" von Präsident Harry S. TRUMAN am 24. September 1947 auf Empfehlung von Dr. Vannevar BUSH und Verteidigungsminister James V. FORRESTAL ins Leben gerufen.

Es ist unschwer zu erkennen, daß es sich hier um die "KLEINE GRUPPE UNTER LEITUNG VON DOKTOR VANNEVAR BUSH" handelt, die Wilbert SMITH in seinem "Projekt Magnet"-Memorandum vom 21. November 1950 erwähnt.

Dieser Gruppe gehörten an:

ADMIRAL ROSCOE H. HILLENKOETTER:	Kommandeur des Nachrichtendienstes für den Kriegsschauplatz Pazifik im 2. Weltkrieg und seit 1947 erster Direktor des CIA.
DR. VANNEVAR BUSH:	Wissenschaftlicher Berater des Präsidenten, damals der Top-Wissenschaftler der US-Regierung. 1941 Gründer des "Forschungsrates für die nationale Verteidigung", 1943 Gründer des "Büros für wissenschaftliche Forschung und Entwicklung", das das MANHATTAN-Projekt, die Entwicklung der Atombombe, beaufsichtigte.
SEC. JAMES V. FORRESTAL:	Verteidigungsminister.
GEN. NATHAN F. TWINING:	Stabschef aus dem 2. Weltkrieg. Kommandierender General des Technischen Nachrichtendienstes der Luftwaffe (AMC, später ATIC) mit Sitz in der Wright Patterson AFB.
GEN. HOYT S. VANDENBERG:	Stabschef der US-Luftwaffe.
Dr. DETLEV BRONK:	International bekannter Biophysiker und Physiologe, Vorsitzender des Nationalen Forschungsrates und medizinischer Berater der Atomenergiekommission.
DR. JEROME HUNSAKER:	Flugzeugkonstrukteur vom Massachusetts Institute of Technology (MIT), Vors. des Nationalen Beratungskomitees für Luftfahrtangelegenheiten.
ADMIRAL SIDNEY M. SOUERS:	Exekutivsekretär des Nationalen Sicherheitsrates.
GORDON GRAY:	Staatssekretär des Heeres.
DR. DONALD MENZEL:	Leiter des Observatoriums der Harvard-Universität, Top-Astronom, bei verschiedenen Top Secret-Regierungsprojekten beteiligt.
GENERAL ROBERT M. MONTAGUE:	Kommandant der Installationen der Atomenergiekommission in der Sandia-Base, New Mexiko, Testgelände für neueste Waffenentwicklungen.
DR. LLOYD V. BERKNER:	Dr. BUSHs Stellvertreter im Forschungs- und Entwicklungsrat, Mitbegründer der Forschungsgruppe für Waffensysteme, Geophysiker.

008

TOP SECRET
EYES ONLY

THE WHITE HOUSE
WASHINGTON

September 24, 1947.

MEMORANDUM FOR THE SECRETARY OF DEFENSE

Dear Secretary Forrestal:

As per our recent conversation on this matter, you are hereby authorized to proceed with all due speed and caution upon your undertaking. Hereafter this matter shall be referred to only as Operation Majestic Twelve.

It continues to be my feeling that any future considerations relative to the ultimate disposition of this matter should rest solely with the Office of the President following appropriate discussions with yourself, Dr. Bush and the Director of Central Intelligence.

Harry Truman

Präsident Truman (rechts), Verteidigungsminister Forrestal

"LIEBER MINISTER FORRESTAL,

WIE KÜRZLICH BESPROCHEN SIND SIE HIERMIT AUTORISIERT, DIESE SACHE IN ANGEMESSENER SCHNELLE UND SORGFALT FORTZUFÜHREN. KÜNFTIG SOLL DIESE SACHE NUR NOCH ALS OPERATION MAJESTIC 12 BEZEICHNET WERDEN:

ICH DENKE WEITER, DASS ALLE ZUKÜNFTIGEN ERWÄGUNGEN IN DIESER SACHE EINZIG DEM BÜRO DES PRÄSIDENTEN ÜBERLASSEN BLEIBEN SOLLTEN NACH ANGEMESSENEN DISKUSSIONEN MIT IHNEN, DR. BUSH UND DEM DIREKTOR DES CIA.

-Harry S. Truman"

TOP SECRET
EYES ONLY

COPY ONE OF ONE.

EYES ONLY

SUBJECT: OPERATION MAJESTIC-12 PRELIMINARY BRIEFING FOR PRESIDENT-ELECT EISENHOWER.

DOCUMENT PREPARED 18 NOVEMBER, 1952.

BRIEFING OFFICER: ADM. ROSCOE H. HILLENKOETTER (MJ-1)

NOTE: This document has been prepared as a preliminary briefing only. It should be regarded as introductory to a full operations briefing intended to follow.

* * * * * *

OPERATION MAJESTIC-12 is a TOP SECRET Research and Development/ Intelligence operation responsible directly and only to the President of the United States. Operations of the project are carried out under control of the Majestic-12 (Majic-12) Group which was established by special classified executive order of President Truman on 24 September, 1947, upon recommendation by Dr. Vannevar Bush and Secretary James Forrestal. (See Attachment "A".) Members of the Majestic-12 Group were designated as follows:

Adm. Roscoe H. Hillenkoetter
Dr. Vannevar Bush
Secy. James V. Forrestal*
Gen. Nathan F. Twining
Gen. Hoyt S. Vandenberg
Dr. Detlev Bronk
Dr. Jerome Hunsaker
Mr. Sidney W. Souers
Mr. Gordon Gray
Dr. Donald Menzel
Gen. Robert M. Montague
Dr. Lloyd V. Berkner

The death of Secretary Forrestal on 22 May, 1949, created a vacancy which remained unfilled until 01 August, 1950, upon which date Gen. Walter B. Smith was designated as permanent replacement.

EYES ONLY

COPY ONE OF ONE.

On 24 June, 1947, a civilian pilot flying over the Cascade Mountains in the State of Washington observed nine flying disc-shaped aircraft traveling in formation at a high rate of speed. Although this was not the first known sighting of such objects, it was the first to gain widespread attention in the public media. Hundreds of reports of sightings of similar objects followed. Many of these came from highly credible military and civilian sources. These reports resulted in independent efforts by several different elements of the military to ascertain the nature and purpose of these objects in the interests of national defense. A number of witnesses were interviewed and there were several unsuccessful attempts to utilize aircraft in efforts to pursue reported discs in flight. Public reaction bordered on near hysteria at times.

In spite of these efforts, little of substance was learned about the objects until a local rancher reported that one had crashed in a remote region of New Mexico located approximately seventy-five miles northwest of Roswell Army Air Base (now Walker Field).

On 07 July, 1947, a secret operation was begun to assure recovery of the wreckage of this object for scientific study. During the course of this operation, aerial reconnaissance discovered that four small human-like beings had apparently ejected from the craft at some point before it exploded. These had fallen to earth about two miles east of the wreckage site. All four were dead and badly decomposed due to action by predators and exposure to the elements during the approximately one week time period which had elapsed before their discovery. A special scientific team took charge of removing these bodies for study. (See Attachment "C".) The wreckage of the craft was also removed to several different locations. (See Attachment "B".) Civilian and military witnesses in the area were debriefed, and news reporters were given the effective cover story that the object had been a misguided weather research balloon.

COPY ONE OF ONE.

EYES ONLY

A covert analytical effort organized by Gen. Twining and Dr. Bush acting on the direct orders of the President, resulted in a preliminary concensus (19 September, 1947) that the disc was most likely a short range reconnaissance craft. This conclusion was based for the most part on the craft's size and the apparent lack of any identifiable provisioning. (See Attachment "D".) A similar analysis of the four dead occupants was arranged by Dr. Bronk. It was the tentative conclusion of this group (30 November, 1947) that although these creatures are human-like in appearance, the biological and evolutionary processes responsible for their development has apparently been quite different from those observed or postulated in homo-sapiens. Dr. Bronk's team has suggested the term "Extra-terrestrial Biological Entities", or "EBEs", be adopted as the standard term of reference for these creatures until such time as a more definitive designation can be agreed upon.

Since it is virtually certain that these craft do not originate in any country on earth, considerable speculation has centered around what their point of origin might be and how they get here. Mars was and remains a possibility, although some scientists, most notably Dr. Menzel, consider it more likely that we are dealing with beings from another solar system entirely.

Numerous examples of what appear to be a form of writing were found in the wreckage. Efforts to decipher these have remained largely unsuccessful. (See Attachment "E".) Equally unsuccessful have been efforts to determine the method of propulsion or the nature or method of transmission of the power source involved. Research along these lines has been complicated by the complete absence of identifiable wings, propellers, jets, or other conventional methods of propulsion and guidance, as well as a total lack of metallic wiring, vacuum tubes, or similar recognizable electronic components. (See Attachment "F".) It is assumed that the propulsion unit was completely destroyed by the explosion which caused the crash.

* TOP SECRET *

EYES ONLY

COPY ONE OF ONE.

A need for as much additional information as possible about these craft, their performance characteristics and their purpose led to the undertaking known as U.S. Air Force Project SIGN in December, 1947. In order to preserve security, liason between SIGN and Majestic-12 was limited to two individuals within the Intelligence Division of Air Materiel Command whose role was to pass along certain types of information through channels. SIGN evolved into Project GRUDGE in December, 1948. The operation is currently being conducted under the code name BLUE BOOK, with liason maintained through the Air Force officer who is head of the project.

On 06 December, 1950, a second object, probably of similar origin, impacted the earth at high speed in the El Indio - Guerrero area of the Texas - Mexican boder after following a long trajectory through the atmosphere. By the time a search team arrived, what remained of the object had been almost totally incinerated. Such material as could be recovered was transported to the A.E.C. facility at Sandia, New Mexico, for study.

Implications for the National Security are of continuing importance in that the motives and ultimate intentions of these visitors remain completely unknown. In addition, a significant upsurge in the surveillance activity of these craft beginning in May and continuing through the autumn of this year has caused considerable concern that new developments may be imminent. It is for these reasons, as well as the obvious international and technological considerations and the ultimate need to avoid a public panic at all costs, that the Majestic-12 Group remains of the unanimous opinion that imposition of the strictest security precautions should continue without interruption into the new administration. At the same time, contingency plan MJ-1949-04P/78 (Top Secret - Eyes Only) should be held in continued readiness should the need to make a public announcement present itself. (See Attachment "G".)

MAJESTIC 12: Kurzbericht an Präsident Eisenhower:

"Am 24. Juni 1947 beobachtete ein Zivilpilot auf dem Flug über dem Kaskadengebirge im Staate Washington neun fliegende, diskusförmige Objekte, die mit hoher Geschwindigkeit in einer Formation flogen. Obwohl dies nicht die erste bekannte Sichtung derartiger Objekte war, war es die erste, die auf ein breites Interesse der Medien stieß. Es folgten hunderte Berichte von Sichtungen ähnlicher Objekte. Viele davon stammten von äußerst glaubwürdigen militärischen und zivilen Quellen. Diese Berichte führten zu eigenständigen Versuchen verschiedener militärischer Installationen, die Natur und Intention dieser Objekte im Interesse der Nationalverteidigung zu bestimmen. Eine Reihe Zeugen wurde interviewt und es gab verschiedene erfolglose Versuche , gemeldete Scheiben im Flug durch Flugzeuge abzufangen. Die öffentliche Reaktion grenzte zeitweise an Hysterie.

Trotz all dieser Bemühungen wurde wenig Substanzielles über diese Objekte in Erfahrung gebracht, bis ein örtlicher Rancher meldete, daß eines in einem entlegenen Teil New Mexicos abgestürzt sei, etwa 75 Meilen nordwestlich der Roswell-Heeres- und Luftwaffenbasis (heute Walker Field).

Am 7. Juli 1947 begann eine geheime Operation mit der Bergung des Wracks dieses Objektes zum Zwecke wissenschaftlicher Untersuchungen. Im Verlauf dieser Bergungsoperation entdeckte die Luftaufklärung vier kleine, menschenähnliche Wesen, die offenbar aus dem Objekt hinausgeschleudert wurden, bevor es explodierte. Sie waren etwa zwei Meilen östlich der Absturzstelle auf die Erde gefallen. Alle vier waren tot und schwer angegriffen durch Parasiten und dadurch, daß sie fast eine Woche lang den Elementen ausgesetzt waren, bevor sie entdeckt wurden. Ein spezielles Wissenschaftlerteam nahm sich der Bergung und weiteren Untersuchungen dieser Körper an. (Siehe Anhang "C") Das Wrack des Schiffes wurde ebenfalls abtransportiert und an verschiedene Orte gebracht. (Siehe Anhang "B") Zivile und militärische Zeugen in der Gegend wurden eingewiesen, und Nachrichten-Reportern eine effektive Deck-Geschichte mitgeteilt, derzufolge das Objekt ein fehlgeleiteter Wetterballon war.

Eine geheime Untersuchung, die Gen. Twining und Dr. Bush auf direkte Anweisung des Präsidenten in die Wege leiteten, führte zu der ersten, vorläufigen Schlußfolgerung (vom 19. September 1947), daß es sich bei der Scheibe höchstwahrscheinlich um einen Kurzstrecken-Aufklärer handelte. Diese Folgerung zog man aus der Schiffsgröße und dem augenscheinlichen Fehlen irgendwelcher identifizierbarer Nahrungs-Vorräte. (Siehe Anhang "D") Eine Analyse der vier toten Insassen wurde von Dr. Bronk arrangiert. Es war die abschließende Meinung dieser Gruppe, daß, wenngleich diese Kreaturen menschlich aussehen, die biologischen und evolutionären Prozesse, die zu ihrer Entwicklung führten, offenbar völlig verschieden von denen sind, die beim Homo Sapiens beobachtet oder postuliert werden. Dr. Bronks Team schlug den Begriff "Extra-Terrestrische Biologische Entitäten" oder "EBEs" als Standardbezeichnung für diese Kreaturen vor, solange man sich nicht auf eine genauere Bezeichnung einigen kann.

Da es ziemlich sicher ist, daß diese Schiffe nicht von einem Land dieser Erde stammen können, spekulierte man über ihre Herkunft und darüber, wie sie hierhergekommen sind. Der Mars wurde als Herkunft in Betracht gezogen, obwohl einige Wissenschaftler, besonders Dr. Menzel, es für wahrscheinlicher halten, daß wir es hier mit Wesen aus einem anderen Sonnensystem zu tun haben.

Zahlreiche Beispiele von etwas, das eine Art Schrift zu sein scheint, wurden im Wrack gefunden. Versuche, sie zu entziffern, blieben bisher größtenteils erfolglos (Siehe Anhang "E") Gleichermaßen erfolglos blieben die Versuche, die Antriebsmethode oder die Natur oder Methode der Energieübertragung und der Energiequelle zu bestimmen. Die Forschung auf diesem Gebiet wurde erschwert durch das völlige Fehlen identifizierbarer Flügel, Propeller, Düsen oder anderer konventioneller Antriebs- und Steuerungssysteme sowie das völlige Fehlen von Drähten, Röhren oder ähnlicher erkennbarer elektronischer Komponenten. (Siehe Anhang "F") Es wird angenommen, daß die Antriebseinheit völlig zerstört wurde durch die Explosion, die den Absturz verursachte.

Der Bedarf nach so vielen weiterführenden Informationen über diese Schiffe wie möglich, die Charakteristiken ihres Auftretens und ihre Intention, führten zur Einrichtung des US-Luftwaffenprojektes SIGN im Dezember 1947. Zur Wahrung der Geheimhaltung war die Verbindung von SIGN zu Majestic-12 auf zwei Individuen in der Nachrichtendienstlichen Division des Air Material Command beschränkt, deren Aufgabe es war, bestimmte Informationen weiterzugeben. SIGN entwickelte sich im Dezember 1948 zu Projekt GRUDGE. Das Projekt wird derzeit fortgeführt unter dem Codenamen BLUE BOOK, mit einer Verbindung, die nur durch den Luftwaffenoffizier besteht, der ihm vorsteht.

Am 6. Dezember 1950 stürzte ein zweites Objekt, wahrscheinlich von gleicher Herkunft, mit hoher Geschwindigkeit in der El Indio-Guerrero-Region an der Texanisch-Mexikanischen Grenze ab, nachdem seine lange Flugbahn in der Atmosphäre verfolgt werden konnte. Als ein Suchtrupp die Absturzstelle erreichte, war das Objekt bereits völlig ausgebrannt. Soviel Material wie möglich wurde geborgen und auf das Gelände der Atomenergiekommission nach Sandia, New Mexico, zur weiteren Untersuchung gebracht.

Implikationen für die Nationale Sicherheit sind in erster Linie dadurch gegeben, daß die Motive und letztendlichen Intentionen dieser Besucher noch völlig unbekannt sind. Hinzu kommt ein auffälliges Ansteigen der Aufklärungsflüge dieser Schiffe in der Zeit von Mai bis in Herbst dieses Jahres (1952), die zu einer ernsten Sorge führten, daß neue Schritte bevorstehen. Aus diesen Gründen, aber auch aus offensichtlichen internationalen und technologischen Beweggründen und der dringenden Notwendigkeit, eine öffentliche Panik um jeden Preis zu verhindern, bleibt die Majestic-12-Gruppe einmütig bei der Auffassung, daß strengste Sicherheitsvorkehrungen auch und ohne Unterbrechungen von der neuen Administration fortgesetzt werden."

RECHTS: Dieses Foto vom Wrack des 1950 auf mexikanischem Gebiet abgestürzten, ausgebrannten UFOs wurde 1980 amerikanischen UFO-Forschern zugespielt..............

1952 - 1989: Die Politik der Misinformation

1952: Der CIA schaltet sich ein

Als in den USA im Sommer 1952 die UFO-Welle ihren Höhepunkt erreichte und bei der Luftwaffe monatlich 250 UFO-Sichtungen gemeldet wurden, schaltete sich -wahrscheinlich im Auftrag von MJ 12- der CIA ein - und setzte schließlich einige Monate später eine bis heute andauernde rigorose Politik der Geheimhaltung durch.

MARSHALL CHADWELL, Assistant Director der wissenschaftlichen Abteilung des CIA, erklärte in einem Memorandum an den Direktor des CIA vom 11. September 1952 die geplanten ersten Schritte:

> "EIN WELTWEITES MELDESYSTEM IST EINGERICHTET WORDEN, UND ALLE FÜHRENDEN LUFTWAFFENBASEN ERHIELTEN BEFEHL, UNIDENTIFIZIERTE FLUGOBJEKTE ABZUFANGEN. (...) VON DEN 1500 BERICHTEN FÜHRT DIE LUFTWAFFE 20 % ALS UNGEKLÄRT AN. (...) VOM PRAKTISCHEN GESICHTSPUNKT AUS EMPFEHLEN WIR (...) UM DAS RISIKO EINER PANIK ZU VERHINDERN, SOLLTE MAN EINE LANDESWEITE POLITIK INS LEBEN RUFEN, WAS DER ÖFFENTLICHKEIT ÜBER DIESES PHÄNOMEN GESAGT WERDEN KANN. (...) BASIEREND AUF UNSEREM FORSCHUNGSPROGRAMMEN SOLL DER CIA EINE POLITIK DER ÖFFENTLICHEN INFORMATION ENTWICKELN UND VOR DEM NATIONALEN SICHERHEITSRAT EMPFEHLEN, DIE DAS RISIKO EINER PANIK AUF EIN MINIMUM BESCHRÄNKT."

Declassified by 058375
date 20 APR 1977

MEMORANDUM FOR: Director of Central Intelligence

THROUGH : Deputy Director (Intelligence)

SUBJECT : Flying Saucers

1. Recently an inquiry was conducted by the Office of Scientific Intelligence to determine whether there are national security implications in the problem of "unidentified flying objects," i.e., flying saucers; whether adequate study and research is currently being directed to this problem in its relation to such national security implications; and what further investigation and research should be instituted, by whom, and under what aegis.

2. It was found that the only unit of Government currently studying the problem is the Directorate of Intelligence, USAF, which has charged the Air Technical Intelligence Center (ATIC) with responsibility for investigating the reports of sightings. At ATIC there is a group of three officers and two secretaries to which come, through official channels, all reports of sightings. This group conducts investigation of the reports, consulting as required with other Air Force and civilian technical personnel. A world-wide reporting system has been instituted and major Air Force Bases have been ordered to make interceptions of unidentified flying objects. The research is being conducted on a case basis and is designed to provide a satisfactory explanation of each individual sighting. ATIC has concluded an arrangement with Battelle Memorial Institute for the latter to establish a machine indexing system for official reports of sightings.

3. Since 1947, ATIC has received approximately 1500 official reports of sightings plus an enormous volume of letters, phone calls, and press reports. During July 1952 alone, official reports totaled 250. Of the 1500 reports, Air Force carries 20 percent as unexplained and of those received from January through July 1952 it carries 28 percent unexplained.

5. It was found that the ATIC study is probably valid if the purpose is limited to a case-by-case explanation. However, that study does not solve the more fundamental aspects of the problem. These aspects are to determine definitely the nature of the various phenomena which are causing these sightings, and to discover means by which these causes, and their visual or electronic effects, may be identified immediately. The CIA consultants stated that these solutions would probably be found on the margins or just beyond the frontiers of our present knowledge in the fields of atmospheric, ionospheric, and extraterrestrial phenomena, with the added possibility that the present dispersal of nuclear waste products might also be a factor. They recommended that a study group be formed to perform three functions:

SECRET

a. analyze and systematize the factors which constitute the fundamental problem;

b. determine the fields of fundamental science which must be investigated in order to reach an understanding of the phenomena involved; and

c. make recommendations for the initiation of appropriate research.

Dr. Julius A. Stratton, Vice President of the Massachusetts Institute of Technology, has indicated to CIA that such a group could be constituted at that Institute. Similarly, Project Lincoln, the Air Force's air defense project at MIT, could be charged with some of these responsibilities.

8. From an operational point of view, three actions are required:

c. In order to minimize risk of panic, a national policy should be established as to what should be told the public regarding the phenomena.

10. Additional research, differing in character and emphasis from that presently being performed by Air Force, will be required to meet the specific needs of both operations and intelligence. Intelligence responsibilities in this field as regards both collection and analysis can be discharged with maximum effectiveness only after much more is known regarding the exact nature of these phenomena.

11. I consider this problem to be of such importance that it should be brought to the attention of the National Security Council in order that a community-wide coordinated effort towards its solution may be initiated.

H. MARSHALL CHADWELL
Assistant Director
Scientific Intelligence

SECRET
Security Information

Declassified by 058375
date 20 APR 1977

In einem zweiten Memorandum vom 2. Dezember 1952 betont CHADWELL noch einmal die Dringlichkeit solcher Schritte:

> "ZU DIESEM ZEITPUNKT ÜBERZEUGEN UNS DIE BERICHTE VON VORFÄLLEN DAVON, DASS DORT IRGENDETWAS VORGEHT, DAS UNSERE SOFORTIGE BEACHTUNG ERFORDERT. (...) SICHTUNGEN VON UNERKLÄRBAREN OBJEKTEN, DIE IN GROSSEN HÖHEN UND MIT HOHEN GESCHWINDIGKEITEN IM GEBIET WICHTIGER US-VERTEIDIGUNGSEINRICHTUNGEN OPERIEREN, SIND SO GEARTET, DASS SIE WEDER AUF NATURPHÄNOMENE NOCH AUF BEKANNTE FLUGZEUGTYPEN ZURÜCKGEFÜHRT WERDEN KÖNNEN. (...) OSI ANTWORTET MIT DER GRÜNDUNG EINER BERATERGRUPPE (...) UM DIE ZUSTÄNDIGEN BEHÖRDEN DAVON ZU ÜBERZEUGEN, DASS SOFORTIGE FORSCHUNGEN UND ENTWICKLUNGEN AUF DIESEM GEBIET UNTERNOMMEN WERDEN MÜSSEN."

3-5093

45

DEC 2 1952

Declassified by 008657
date 24 JAN 1975

MEMORANDUM FOR: Director of Central Intelligence

THRU : Deputy Director for Intelligence

SUBJECT : Unidentified Flying Objects

1. On 20 August, the DCI, after a briefing by OSI on the above subject, directed the preparation of an NSCID for submission to the Council stating the need for investigation and directing agencies concerned to cooperate in such investigations.

2. In attempting to draft such a directive and the supporting staff studies, it became apparent to DD/I, Acting AD/SI and AD/IC that the problem was largely a research and development problem, and it was decided by DD/I to attempt to initiate action through R&DB. A conference was held between DI/USAF, Chairman of R&DB, DD/I, Acting AD/SI and AD/IC at which time it was decided that Dr. Whitman, Chairman of R&DB, would investigate the possibility of undertaking research and development studies through Air Force agencies.

3. On approximately 6 November, we were advised by Chairman, R&DB, that inquiries in the Air Staff did not disclose "undue concern" over this matter, but that it had been referred to the Air Defense Command for consideration. No further word has been received from R&DB.

4. Recent reports reaching CIA indicated that further action was desirable and another briefing by the cognizant A-2 and ATIC personnel was held on 25 November. At this time, the reports of incidents convince us that there is something going on that must have immediate attention. The details of some of these incidents have been discussed by AD/SI with DDCI. Sightings of unexplained objects at great altitudes and travelling at high speeds in the vicinity of major U.S. defense installations are of such nature that they are not attributable to natural phenomena or known types of aerial vehicles.

5. OSI is proceeding to the establishment of a consulting group of sufficient competence and stature to review this matter and convince the responsible authorities in the community that immediate research and development on this subject must be undertaken. This can be done expeditiously under the aegis of CENIS.

6. Attached hereto is a draft memorandum to the NSC and a simple draft NSC Directive establishing this matter as a priority project throughout the intelligence and the defense research and development community.

H. Marshall Chadwell

H. MARSHALL CHADWELL
Assistant Director
Scientific Intelligence

... das Ergebnis war eine Konferenz von 5 Wissenschaftlern und einigen CIA-Agenten, die vom 14. bis 18. Januar 1953 im Pentagon stattfand und nach ihrem Vorsitzenden Prof. H. P. ROBERTSON "Robertson-Panel" genannt wurde.

Auf diesem Symposium verabschiedete man ein Erziehungsprogramm für die Bevölkerung, das

> "UNTER BETEILIGUNG ALLER BETROFFENEN REGIERUNGSSTELLEN ZWEI HAUPTZIELE VERFOLGEN SOLL: SCHULEN UND BANALISIEREN.
>
> DAS ZIEL DER BANALISIERUNG WÄRE EINE REDUZIERUNG DES ÖFFENTLICHEN INTERESSES AN DEN 'FLIEGENDEN UNTERTASSEN' ... UND KÖNNTE DURCH DIE MASSENMEDIEN WIE DURCH FERNSEHEN, KINOFILME UND POPULÄRE ARTIKEL ERREICHT WERDEN. DIE BASIS DAFÜR WÄREN TATSÄCHLICHE FÄLLE, DIE VERWIRRUNG STIFTETEN, DANN ABER ERKLÄRT WURDEN."

TAB A

SCIENTIFIC ADVISORY PANEL ON

UNIDENTIFIED FLYING OBJECTS

14 - 17 January 1953

Declassified by 058375
date 20 APR 19[illegible]

MEMBERS	ORGANIZATION	FIELD OF COMPETENCY
Dr. H. P. Robertson (Chairman)	California Institute of Technology	Physics, weapons systems
Dr. Luis W. Alvarez	University of California	Physics, radar
Dr. Lloyd V. Berkner	Associated Universities, Inc.	Geophysics
Dr. Samuel Goudsmit	Brookhaven National Laboratories	Atomic structure, statistical problems
Dr. Thornton Page	Office of Research Operations, Johns Hopkins University	Astronomy, Astrophysics
ASSOCIATE MEMBERS		
Dr. J. Allen Hynek	Ohio State University	Astronomy
Mr. Frederick C. Durant	Arthur D. Little, Inc.	Rockets, guided missiles
INTERVIEWEES		
Brig. Gen. William M. Garland	Commanding General, ATIC	Scientific and technical intelligence
Dr. H. Marshall Chadwell	Assistant Director, O/SI, CIA	Scientific and technical intelligence
Mr. Ralph L. Clark	Deputy Assistant Director, O/SI, CIA	Scientific and technical intelligence

"Tagungsprotokoll des Wissenschaftlichen Beratungskomitees in Sachen UFOs, einberufen durch das OSI/CIA, 14.-18. Januar 1953":

Ein "ERZIEHUNGSPROGRAMM" wird verabschiedet...

REPORT OF MEETINGS OF SCIENTIFIC ADVISORY PANEL

ON UNIDENTIFIED FLYING OBJECTS

CONVENED BY OFFICE OF SCIENTIFIC INTELLIGENCE, CIA

January 14 - 18, 1953

F. C. DURANT

EDUCATIONAL PROGRAM

The Panel's concept of a broad educational program integrating efforts of all concerned agencies was that it should have two major aims: training and "debunking".

The "debunking" aim would result in reduction in public interest in "flying saucers" which today evokes a strong psychological reaction. This education could be accomplished by mass media such as television, motion pictures, and popular articles. Basis of such education would be actual case histories which had been puzzling at first but later explained.

... gewiß kein Zufall ist, daß eines der Mitglieder des "Robertson-Panels" den "MAJESTIC 12" angehört: Dr. Lloyd V. BERKNER...

UFOs: Von doppeltem Interesse

Während die Öffentlichkeit durch ein gezieltes "Erziehungsprogramm" ihr Interesse an den UFOs verlieren soll, scheinen die Anweisungen für das Militär ein gegenteiliges Ziel zu verfolgen.

Am 26. August 1953 wurde die erste Fassung der "Air Force Regulation 200-2" von Stabschef (und MJ 12-Mitglied) General Nathan F. TWINING herausgegeben. Ihr Inhalt: Die offizielle Handhabung von UFO-Berichten, die

"VON DOPPELTEM INTERESSE FÜR DIE LUFTWAFFE SIND. ERSTENS ALS EINE MÖGLICHE GEFÄHRDUNG DER SICHERHEIT DER VEREINIGTEN STAATEN UND IHRER STREITKRÄFTE UND ZWEITENS ZUR ERGRÜNDUNG DER DAMIT VERBUNDENEN TECHNISCHEN ASPEKTE."

Die Informationspolitik gemäß dem "Erziehungsprogramm" wird unter § 9 geregelt, der ironischerweise mit "Freigabe der Tatsachen" betitelt wurde, obwohl hier nur erlaubt wird,

"VERTRETER DER NACHRICHTENMEDIEN ÜBER UFOBS ZU INFORMIEREN, WENN DAS OBJEKT POSITIV ALS EIN BEKANNTES OBJEKT IDENTIFIZIERT WERDEN KONNTE ... AUFGRUND DER VIELEN UNBEKANNTEN FÄLLE SOLL BEI JENEN OBJEKTEN, DIE NICHT ERKLÄRT WERDEN KÖNNEN, NUR DER UMSTAND, DASS ATIC DIE DATEN ANALYSIERT, BEKANNTGEGEBEN WERDEN."

AIR FORCE REGULATION NO. 200-2 | *AFR 200-2 1-5 | DEPARTMENT OF THE AIR FORCE WASHINGTON, 12 AUGUST 1954

INTELLIGENCE

Unidentified Flying Objects Reporting (Short Title: UFOB)

Paragraph

1. Purpose and Scope. This Regulation establishes procedures for reporting information and evidence pertaining to unidentified flying objects and sets forth the responsibility of Air Force activities in this regard. It applies to all Air Force activities.

2. Definitions:

a. *Unidentified Flying Objects (UFOB)*—Relates to any airborne object which by performance, aerodynamic characteristics, or unusual features does not conform to any presently known aircraft or missile type, or which cannot be positively identified as a familiar object.

b. *Familiar Objects*—Include balloons, astronomical bodies, birds, and so forth.

3. Objectives. Air Force interest in unidentified flying objects is twofold: First as a possible threat to the security of the United States and its forces, and secondly, to determine technical aspects involved.

(2) The possibility exists that an air vehicle of revolutionary configuration may be developed.

(3) The reporting of all pertinent factors will have a direct bearing on the success of the technical analysis.

4. Responsibility:

a. *Reporting.* Commanders of Air Force activities will report all information and evidence that may come to their attention, including that received from adjacent commands of the other services and from civilians.

b. *Investigation.* Air Defense Command will conduct all field investigations within the ZI, to determine the identity of any UFOB.

c. *Analysis.* The Air Technical Intelligence Center (ATIC), Wright-Patterson Air Force Base, Ohio, will analyze and evaluate: All information and evidence reported within the ZI after the Air Defense Command has exhausted

---

(see "Intelligence Collection Instructions" (ICI), June 1954).

(2) *Radar.* Two copies of each print will be forwarded. Prints of radarscope photography will be titled in accordance with AFR 95-7 and forwarded in compliance with AFR 95-6.

b. *Materiel.* Suspected or actual items of materiel which come into possession of any Air Force echelon will be safeguarded in such manner as to prevent any defacing or alteration which might reduce its value for intelligence examination and analysis.

9. Release of Facts. Headquarters USAF will release summaries of evaluated data which will inform the public on this subject. In response to local inquiries, it is permissible to inform news media representatives on UFOB's when the object is positively identified as a familiar object (see paragraph 2b), except that the following type of data warrants protection and should not be revealed: Names of principles, intercept and investigation procedures, and classified radar data. For those objects which are not explainable, only the fact that ATIC will analyze the data is worthy of release, due to the many unknowns involved.

BY ORDER OF THE SECRETARY OF THE AIR FORCE:

OFFICIAL:

K. E. THIEBAUD
Colonel, USAF
Air Adjutant General

N. F. TWINING
Chief of Staff, United States Air Force

☆ U. S. GOVERNMENT PRINTING OFFICE: 1954

Die Bedeutung der UFO-Berichte und die Folgen eines Verstoßes gegen die AFR 200-2 regelt JANAP 146, am 10. März 1954 von den Stabschefs aller drei Waffengattungen herausgegeben und als

"ANWEISUNG FÜR DIE MELDUNG VON OBJEKTEN IN LUFT UND WASSER"

betitelt. UFO-Berichte werden hier zu MERINT-Meldungen erklärt, die unter Geheimhaltung stehen.

"ALLE PERSONEN, DIE VOM INHALT ODER DER EXISTENZ EINES MERINT-BERICHTES WISSEN, STEHEN UNTER DEM COMMUNICATION ACT VON 1934 WIE DEN SPIONAGEGESETZEN. MERINT-BERICHTE ENTHALTEN INFORMATIONEN VON INTERESSE FÜR DIE LANDESVERTEIDIGUNG DER VEREINIGTEN STAATEN IM SINNE DER SPIONAGEGESETZE, 18 U.S. CODE, 793 und 794. DIE NICHT BEVOLLMÄCHTIGTE VERBREITUNG ODER BEKANNTGABE DES INHALTES VON MERINT-BERICHTEN JEDER ART IST VERBOTEN."

Den Spionagegesetzen zufolge drohen bei Verstoß Geld- und Freiheitsstrafen zwischen $ 1o.ooo,-- und 10 Jahren Haft.

JANAP 146(C)

THE JOINT CHIEFS OF STAFF
JOINT COMMUNICATIONS-ELECTRONICS COMMITTEE
WASHINGTON, D. C.

10 March 1954

LETTER OF PROMULGATION

1. JANAP 146(C) COMMUNICATION INSTRUCTIONS FOR REPORTING VITAL INTELLIGENCE SIGHTINGS FROM AIRBORNE AND WATERBORNE SOURCES, is an unclassified publication.

CIRVIS REPORTS

SECTION I - GENERAL

201. INFORMATION TO BE REPORTED AND WHEN TO REPORT

a. Sightings within the scope of this chapter, as outlined in Article 102b(1), (2), and (3), are to be reported as follows:

(1) While airborne (except over foreign territory - See Article 212).

(a) Single aircraft or formations of aircraft which appear to be directed against the United States, its territories or possessions.

(b) Missiles.

(c) Unidentified flying objects.

(d) Submarines.

SECTION III - SECURITY

308. MILITARY AND CIVILIAN

a. All persons aware of the contents or existence of a MERINT report are governed by the Communications Act of 1934 and amendments thereto, and Espionage Laws. MERINT reports contain information affecting the National Defense of the United States within the meaning of the Espionage Laws, 18 U.S. Code, 793 and 794. The unauthorized transmission or revelation of the contents of MERINT reports in any manner is prohibited.

OPERATIONS & TRAINING

UFO'S SERIOUS [illegible]

Unidentified flying objects - sometimes treated lightly by the press and referred to as "flying saucers" - must be rapidly and accurately identified as serious USAF business in the ZI. As AFR 200-2 points out, the Air Force concern with these sightings is threefold: First of all, is the object a threat to the defense of the U. S.? Secondly, does it contribute to technical or scientific knowledge? And then there's the inherent USAF responsibility to explain to the American people through public-information media what is going on in their skies.

The phenomena or actual objects comprising UFO's will tend to increase, with the public more aware of goings on in space but still inclined to some apprehension. Technical and defense considerations will continue to exist in this era.

Published about three months ago, AFR 200-2 outlines necessary orderly, qualified reporting as well as public-information procedures. This is where the base should stand today, with practices judged at least satisfactory by commander and inspector:

- Responsibility for handling UFO's should rest with either intelligence, operations, the Provost Marshal or the Information Officer - in that order of preference, dictated by limits of the base organization;

- A specific officer should be designated as responsible;

UFOs - eine ernste Angelegenheit

Order des Generalinspekteurs der amerikanischen Luftwaffe vom 24. Dezember 1959, die jedem Kommandeur eines Militärflughafens zugestellt wurde:

"UFOS SIND EINE ERNSTE ANGELEGENHEIT!

UNIDENTIFIZIERTE FLUGOBJEKTE - MANCHMAL IN DER PRESSE OBERFLÄCHLICH BEHANDELT UND ALS 'FLIEGENDE UNTERTASSEN' BEZEICHNET - MÜSSEN ALS EINE ERNSTE ANGELEGENHEIT DER LUFTWAFFE SCHNELLSTENS UND GENAUESTENS IDENTIFIZIERT WERDEN. WIE DIE LUFTWAFFENORDER AFR 200-2 ERKLÄRT, IST DIE LUFTWAFFE AUS DREI GRÜNDEN AN DEN SICHTUNGEN INTERESSIERT: ERSTENS, STELLT DAS OBJEKT EINE GEFAHR FÜR DIE VERTEIDIGUNG DER VEREINIGTEN STAATEN DAR? ZWEITENS, TRÄGT ES ZU UNSEREN TECHNISCHEN UND WISSENSCHAFTLICHEN KENNTNISSEN BEI? UND DANN BESTEHT DA NOCH DIE VERANTWORTUNG DER LUFTWAFFE, DER AMERIKANISCHEN BEVÖLKERUNG ÜBER DIE NACHRICHTENMEDIEN ZU ERKLÄREN, WAS AN IHREM HIMMEL VORGEHT.

DIE ALS UFOS BEGRIFFLICH ZUSAMMENGEFASSTEN PHÄNOMENE ODER TATSÄCHLICHEN OBJEKTE WERDEN IN ERHÖHTEM MASSE AUFTRETEN, WAS DAZU FÜHRT, DASS DIE ÖFFENTLICHKEIT SICH DER VORGÄNGE IM WELTRAUM MEHR BEWUSST WIRD, WENNGLEICH AUCH MIT EINER GEWISSEN BESORGNIS. ERWÄGUNGEN AUF DEN GEBIETEN VON TECHNIK UND VERTEIDIGUNG WERDEN AUCH WEITERHIN IN BETRACHT GEZOGEN.

DIE VOR ETWA DREI MONATEN VERÖFFENTLICHTE LUFTWAFFENORDER AFR 200-2 LEGT DIE NOTWENDIGERWEISE GENAUE UND SORGFÄLTIGE BERICHTERSTATTUNG EBENSO FEST WIE DAS VERHALTEN IN FRAGEN DER INFORMATION DER ÖFFENTLICHKEIT. HIER FOLGEN DIE ANWEISUNGEN FÜR DIE STÜTZPUNKTE, DIE VOM KOMMANDEUR UND INSPEKTEUR ALS DIE NOTWENDIGEN MINDESTMASSNAHMEN ANGESEHEN WERDEN:

- DIE VERANTWORTUNG FÜR DIE BEHANDLUNG VON UFO-ANGELEGENHEITEN SOLL ENTWEDER DEM NACHRICHTENDIENST-, EINSATZ- ODER WACHHABENDEN OFFIZIER ODER DEM PRESSEOFFIZIER ÜBERTRAGEN WERDEN, UND ZWAR IN DER REIHENFOLGE, DIE DURCH DIE ORGANISATION DES STÜTZPUNKTES VORGESEHEN IST.

- EIN SPEZIELLER OFFIZIER SOLL FÜR DIESE AUFGABE EINGESETZT WERDEN."

Bereits ein halbes Jahr zuvor, im Juni 1959, hatte Marineadmiral James S. RUSSEL die Anweisungen für die MERINT-Meldungen erneuern lassen. Eine Grafik aus dem Anweisungsbuch "MERINT-Meldungsablauf" sollte gut

sichtbar auf dem Deck eines jeden Schiffes der Marine angebracht werden:

"WAS GEMELDET WERDEN MUSS:

1. FERNLENKRAKETEN
2. UNIDENTIFIZIERTE FLUGOBJEKTE
3. UNTERSEEBOTE (...)"

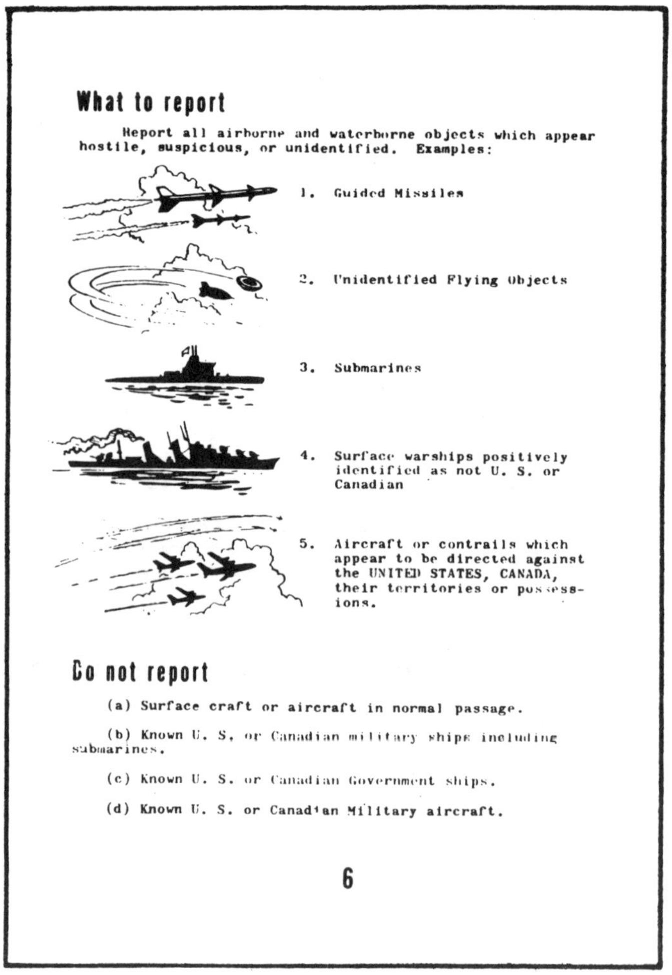

What to report

Report all airborne and waterborne objects which appear hostile, suspicious, or unidentified. Examples:

1. Guided Missiles
2. Unidentified Flying Objects
3. Submarines
4. Surface warships positively identified as not U. S. or Canadian
5. Aircraft or contrails which appear to be directed against the UNITED STATES, CANADA, their territories or possessions.

Do not report

(a) Surface craft or aircraft in normal passage.

(b) Known U. S. or Canadian military ships including submarines.

(c) Known U. S. or Canadian Government ships.

(d) Known U. S. or Canadian Military aircraft.

6

... aber nicht für die Öffentlichkeit

Offiziell war der einzige Luftwaffenausschuß zur Klärung des UFO-Phänomens PROJECT BLUE BOOK, das auch als teilweise geheime Studie unter Beteiligung von Experten des Luftwaffengeheimdienstes ATIC seinen Anfang nahm - aber seit 1953, als Folge des auf dem "Robertson-Panel" beschlossenen "Erziehungsprogrammes" zu einem reinen "Schaufensterausschuß" zur Sammlung möglicherweise interessanter Daten und zur Täuschung der Öffentlichkeit wurde. Während es BLUE BOOK seitdem gelang, 95 % aller UFO-Sichtungen zu "identifizieren" (zum Vergleich: Vor 1953 waren 25 % UNIDENTIFIZIERT!), flossen die wirklich interessanten Fälle in ganz andere Kanäle...

Excerpts: DEPARTMENT OF THE AIR FORCE AIR STAFF SUMMARY SHEET

SURNAME OF ACTION OFFICER AND GRADE	SYMBOL	PHONE	TYPIST'S INIT.	SUSPENSE DATE
Major Espey 45-47	AFRDDG	52181	VC	

SUBJECT	DATE
Unidentified Flying Objects (UFO)	20 OCT 1969

SUMMARY

Moreover, no evidence that Project Blue Book reports have served any intelligence function (Atch 8). Moreover, reports of unidentified flying objects which could affect national security are made in accordance with JANAP 146 or Air Force Manual 55-11, and are not part of the Blue Book system (Atch 10). The Air Force experience therefore confirms the impression of the University of Colorado researchers "that the defense function could be performed within the framework established for intelligence and surveillance operations without the continuance of a special unit such as Project Blue Book."

... wie ein Bericht des Generalstabs der Luftwaffe vom 20. Oktober 1969 beweist:

"BERICHTE ÜBER UNIDENTIFIZIERTE FLUGOBJEKTE, DIE DIE NATIONALE SICHERHEIT BETREFFEN KÖNNTEN, MÜSSEN GEMÄSS JANAP 146 ODER DEM LUFTWAFFENHANDBUCH 55-11 GEMACHT WERDEN, UND GEHÖREN NICHT ZUM BLUE BOOK SYSTEM."

DAMIT beschäftigte die Luftwaffe nicht die 3 rangniedrigen Offiziere und ihre beiden Sekretärinnen von der BLUE BOOK-Staff, sondern, wie sie 1966 dem Kongreßabgeordneten L. Mendel RIVERS erklärte,

EXCERPTS FROM A 1966 LETTER TO CONGRESSMAN L. MENDEL RIVERS, CHAIRMAN, HOUSE ARMED SERVICES COMMITTEE, FROM SECRETARY OF THE AIR FORCE HAROLD BROWN REGARDING UNIDENTIFIED FLYING OBJECTS

". . . Within the Department of Defense the Air Force has the responsibility of investigating reports on unidentified flying objects and of evaluating any possible threat to our national security that such objects might pose. In carrying out this responsibility let me assure you that the Air Force is both objective and thorough in its treatment of all reports of unusual aerial objects over the United States.

". . . In evaluating these sightings, the Air Force has used carefully selected and highly qualified scientists, engineers, technicians, and consultants. These personnel have utilized the finest Air Force laboratories, test centers, scientific instrumentation, and technical equipment for this purpose.

"SORGFÄLTIG AUSGEWÄHLTE UND HOCHQUALIFIZIERTE WISSENSCHAFTLER, INGENIEURE, TECHNIKER UND BERATER: DIESES PERSONAL BEDIENT SICH BEI DIESER AUFGABE DER BESTEN LUFTWAFFENLABORATORIEN, VERSUCHSGELÄNDE, WISSENSCHAFTLICHEN GERÄTE UND TECHNISCHEN AUSRÜSTUNGEN."

Daß auch noch 1976 der CIA seine speziellen "UFO-EXPERTEN" hatte, beweist nachfolgendes vertrauliche Fernschreiben vom 9. April 1976.

C O N F I D E N T I A L 141445Z APR 76 STAFF
CITE DCD/
TO: PRIORITY DCD/HEADQUARTERS.
ATTN:
FROM: DCD/
SUBJECT: CASE - UFO RESEARCH
REF (A): DCD/HEADQUARTERS 14596
(B): FORM 610 DATED 9 APRIL 1976, UFO STUDY.
1. SOURCE'S FULL NAME IS
HE IS EMPLOYED AS
2. REFERENT B MATERIAL CLASSIFIED CONFIDENTIAL AT HIS REQUEST. SOURCE SEEKS GUIDANCE FROM CIA UFO EXPERTS AS TO MATERIAL IN HIS REPORT THAT SHOULD REMAIN CLASSIFIED.

Den heutigen Stand können wir einem als STRENG GEHEIM klassifizierten Fernschreiben des Luftwaffen-Geheimdienstes AFOSI (Air Force Office of Special Intelligence) vom 30. November 1980 entnehmen:

"DIE LUFTWAFFE IST ÖFFENTLICH NICHT LÄNGER IN DER UFO-FORSCHUNG AKTIV, OBWOHL SIE WEITERHIN INTERESSIERT IST AN ALLEN UFO-SICHTUNGEN ÜBER LUFTWAFFEN-INSTALLATIONEN UND TESTGELÄNDEN...

... VERSCHIEDENE ANDERE REGIERUNGSSTELLEN UNTERSUCHEN UNTER LEITUNG DER NASA WEITERHIN BERECHTIGTE SICHTUNGEN UNTER STRENGER GEHEIMHALTUNG (...) NASA FILTERT SICHTUNGSERGEBNISSE AUS UND LEITET SIE AN MILITÄRISCHE STELLEN WEITER, DIE INTERESSE AN DIESER SPEZIELLEN SICHTUNG HABEN.

DIE OFFIZIELLE POLITIK DER US-REGIERUNG UND DIE ERGEBNISSE VON PROJEKT AQUARIUS STEHEN NOCH IMMER UNTER STRENGSTER GEHEIMHALTUNG MIT BESCHRÄNKUNG AUF DIE OFFIZIELLEN NACHRICHTENDIENSTLICHEN KANÄLE UND AUSSCHLIESSLICHEM ZUGANG FÜR MJ ZWÖLF."

SECRET

17 NOV 1980

[illegible] RUF[illegible]9136
[illegible]
FOR AFOSI ONLY
171130Z NOV 80
FM HQ AFOSI BOLLING AFB DC//IVOE
TO [illegible] AFOSI DIST 17 KIRTLAND AFB NM//BID
INFO 7602 AINTELG FT BELVOIR VA//INSR
FOR AFOSI ONLY
REF: REQUEST FOR PHOTO IMAGERY INTERPRETATION YOUR MSG 292030Z OCT 80.
SUBJECT CASE NR: 8017D93-126 HQ CR 44
1. SUBJECT NEGATIVES/FILM WERE ANALYZED BY HQ IVT AND 7602 AINTELG IT AND THE FOLLOWING RESULTS WERE FOUND:
A. NEGATIVE #1: DEPLICTING C-5A AIRCRAFT ON APPROACH AND STREAKING UNIDENTIFIED AERIAL OBJECT IN LOWER RIGHT PORTION OF FILM. FILM FOUND TO BE UNALTERED. SIZE DIFFERENTIAL WAS NOT CONSISTENT WITH SIZE OF AIRCRAFT. CONCLUSION: INCONCLUSIVE
B. NEGATIVE #2: DEPLICTING CYLINDER SHAPED UNIDENTIFIED AERIAL OBJECT IN UPPER LEFT PORTION OF PHOTO. FILM FOUND TO BE UNALTERED. FILM SHOWED OBJECT TO BE CONSISTENT WITH FIELD DEPTH AND CONSISTENT WITH RELATIVE SIZE OF FIXED OBJECTS. CONCLUSION: LEGITIMATE NEGATIVE OF UNIDENTIFIED AERIAL OBJECT. BOLTON/REINFELD METHOD DID NOT REVEAL VISIBLE MARKINGS ON OBJECT.
C. NEGATIVE #3: DEPLICTING IRREGULAR SHAPED UNIDENTIFIED AERIAL OBJECT IN SEVEN FRAMES OF 8MM FILM. BECAUSE OF THE SIZE AND APPARENT SPEED OF OBJECT NO FURTHER CLASSIFICATION OR CONCLUSION COULD BE DRAWN. FILM SHOWN TO BE UNALTERED.
D. 34 INCHES OF 8MM FILM: DEPLICTING APPARENT COLORED OBJECT MOVING IN FRONT OF STILL CAMERA. FILM FOUND TO BE UNALTERED. SPECTROGRAPHY REVEALED COLORS TO BE BASIC PRISM FEATURES. DEPTH ANALYSIS REVEALED OBJECT TO BE WITHIN 1524M OF CAMERA. OBJECT WAS NOT CONSISTENT WITH RELATIVE SIZE OF FIXED OBJECTS OBSERVED FOR SEVERAL SECONDS IN FILM. CONCLUSION: INCONCLUSIVE.
E. ORIGINAL NEGATIVE DEPLICTING UNIDENTIFIED OBJECT. FILM FOUND TO BE UNALTERED. BECAUSE OF A LACK OF FIXED OBJECTS IN THE FILM, NO DEPTH ANALYSIS COULD BE PERFORMED. BOLTON REINFELD METHOD REVEALED OBJECT TO BE SAUCER SHAPED, APPROXIMATE DIAMETER 37 FEET. OBJECT CONTAINED A TRILATERAL INSIGNIA ON THE LOWER PORTION OF OBJECT. CONCLUSION: LEGITIMATE NEGATIVE OF UNIDENTIFIED AERIAL OBJECT.
2. REF YOUR REQUEST FOR FURTHER INFORMATION REGARDING HQ CR 44, THE FOLLOWING IS PROVIDED: CAPT GRACE 7602 AINTELG INS CONTACTED AND RELATED FOLLOWING: (S/WINTEL) USAF NO LONGER PUBLICLY ACTIVE IN UFO RESEARCH, HOWEVER USAF STILL HAS INTEREST IN ALL UFO SIGHTINGS OVER USAF INSTALLATION/TEST RANGES. SEVERAL OTHER GOVERNMENT AGENCIES, LEAD BY NASA, ACTIVELY INVESTIGATES LEGITIMATE SIGHTINGS THROUGH COVERT COVER. (S/WINTEL/FSA) ONE SUCH COVER IS UFO REPORTING CENTER, US COAST AND GEODETIC SURVEY, ROCKVILLE, MD 20852. NASA FILTERS RESULTS OF SIGHTINGS TO APPROPRIATE MILITARY DEPARTMENTS WITH INTEREST IN THAT PARTICULAR SIGHTING. THE OFFICIAL US GOVERNMENT POLICY AND RESULTS OF PROJECT AQUARIUS IS STILL CLASSIFIED TOP SECRET WITH NO DISSEMINATION OUTSIDE OFFICIAL INTELLIGENCE CHANNELS AND WITH RESTRICTED ACCESS TO "MJ TWELVE". CASE ON EGGENITZ IS [illegible] REQUEST ALL FUTURE EVIDENCE BE FORWARDED [illegible]

THE OFFICIAL
US GOVERNMENT POLICY AND RESULTS OF PROJECT AQUARIUS IS STILL CLASSIFIED TOP SECRET WITH NO DISSEMINATION OUTSIDE OFFICIAL INTELLIGENCE CHANNELS AND WITH RESTRICTED ACCESS TO "MJ TWELVE".

ASIS
DOWNGRADE: 17NOV2020

SECRET

Die Politik der Geheimhaltung geht also weiter...

USA/Großbritannien:

Streng geheime NATO-Kooperation in Sachen UFO

Nach Auskunft eines Ex-Angehörigen des britischen Geheimdienstes MI 6 besteht ein streng geheimer Vertrag zwischen den USA und ihren NATO-Bündnispartnern, demzufolge sämtliche NATO-Mitgliedstaaten UFO-Fälle in ihrem Land zu untersuchen und die Berichte an den CIA, ATIC oder NORAD (die amerikanische Luftraumüberwachung) zu schicken haben. Gleichzeitig soll das Thema unter strengster Geheimhaltung stehen.

Am 8. Mai 1970 erklärte das britische Verteidigungsministerium:

"UNIDENTIFIZIERTE FLUGOBJEKTE WERDEN VOM VERTEIDIGUNGSMINISTERIUM DURCH EINE ERFAHRENE GRUPPE UNTERSUCHT. SIE MACHT DIES OHNE VORURTEILE. SIE HAT ZUGANG ZU ALLEN DEM VERTEIDIGUNGSMINISTERIUM ZUR VERFÜGUNG STEHENDEN INFORMATIONEN. IHR STEHT ALLE WISSENSCHAFTLICHE UND PROFESSIONELLE HILFE DURCH DAS VERTEIDIGUNGSMINISTERIUM WIE DURCH ANDERE REGIERUNGEN UND NICHTSTAATLICHE KÖRPERSCHAFTEN ZU."

PEH/17/5/2

MINISTRY OF DEFENCE
Main Building, Whitehall, LONDON S.W.1
Telephone: WHItehall 7022, ext.
01-930 7022 EXT: 7035

Our reference: AF/CX 38/67/S4f(Air)
Your reference:

8 May 1970

Dear Mr Beer,

I am writing to thank you for your letter of 2 May 1970 asking for information about unidentified flying objects.

The attitude of the Ministry of Defence towards reports of unidentified flying objects is quite straightforward. The Department investigates reports of unidentified flying objects because of their possible air defence implications.

Unidentified flying objects reports are examined in the Ministry of Defence by experienced staff. They do this with open minds. They have access to all information available to the Ministry of Defence. They call on the full scientific and professional resources of the Ministry of Defence and may call in expert advice as necessary from other Government and non-Government bodies.

People who submit reports are advised of our findings, but correspondence between members of the public and the Department on any subject is regarded by this Department as a private matter between the person concerned and the Department. In accordance with this principle full details of UFO reports received by the Department cannot be released. Access to public records is governed by the Public Records Acts which, as a general rule, provide for records to be opened to public scrutiny after thirty years.

Yours sincerely

(L. V. AKHURST)

Wie weit diese internationale Zusammenarbeit wirklich funktionierte, zeigt ein 1978 freigegebenes Dokument der bis dahin geheimgehaltenen "Abteilung des Verteidigungsministeriums für Untersuchungen des Luftraums", die 18 Sichtungsfälle in einer Einstufung von "Class 3 - 23" anführt. Wie der Earl of CLANCARTY, Mitglied des Oberhauses, durch einen Sprecher des Verteidigungsministeriums in Erfahrung brachte, wurde diese Dienststelle "in Hinblick auf die Frage eingerichtet, ob die Landesverteidigung vom UFO-Problem betroffen ist". Von 1978 bis 1981 hätte die Gruppe 2250 UFO-Sichtungen untersucht. Informationen hätte man dann an die USA weitergeleitet, "wenn wir glaubten daß es für sie von Interesse sein könnte."

Tatsächlich stehen CIA und NORAD auf dem Verteilerschlüssel des "Department of Aerial Studies"-Dokumentes. Das beweist, daß das 1952 vom CIA ins Leben gerufene "weltweite Meldesystem" noch immer funktioniert.

COPY 17/ 75

UFO/45/MEMO/666/78

MINISTRY OF DEFENCE DEPARTMENT OF AERIAL STUDIES

*** CLASSIFIED TO ALL PERSONNEL BELOW AGDO 2

CONTACTS FOR THE YEAR ENDED 22/ 2/78. (23) AS FOLLOWS:

K5634	J.MITCHELL	LEICESTER	559/7C	CLASS 5	23/ 5/77 0935
K5635	O.KRAMER	BRADFORD	11A/?	CLASS 5	24/ 5/77 1116
K5636	D.M.SMITH	LONDON (SW)	559/7C	CLASS 3	15/ 6/77 0600
K5637	F.W.SHOEMAKER				
K5638	R.L.DOORS	LONDON (SW)	559/7C	CLASS 5	23/ 7/77 1755
K5639	T.BETTS	FALMOUTH	558/0'X	CLASS 20	23/ 7/77 1721
K5640	W.M.GRANGER	LLANELLI	555/C4S	CLASS 5	1/ 8/77 0931
K5641	T.D.PATEL	SOUTHALL	6400KW/2	CLASS 16	11/ 8/77 1159
K5642	S.L.D.O'BRIEN	LEEDS	559/7C	CLASS 5	18/10/77 0445
K5643	T.MCNAMARA	BELFAST	086/23	CLASS 16	22/11/77 2350
K5644	E.F.WEST	ABERDEEN	088/23	CLASS 6	23/11/77 0020
K5645	T.BRANDENBURGER	SLOUGH	559/7C	CLASS 5	14/12/77 1807
K5646	F.K.SKINNER	BELPER	H6/44/46	CLASS 16	23/12/77 2300
K5647	W.W.WRIGHT	DERBY	559/KW	CLASS 5	31/12/77 1305
K5648	T.M.SLAEY	TRURO	559/?	CLASS 8	2/ 1/78 0430
K5649	D.W.MARIUS	SELBY	1050/46	CLASS 16	23/ 1/78 1056
K5650	A.ANDREWS	GLASGOW	559SERIES	CLASS 5	1/ 2/78 0945
K5651	D.T.SMEDLEY	LONDON (E)	7A/7C	CLASS 23	22/ 2/78 1201

/*ENDLIST

CLASSIFICATION NOTIFIED TO THE FOLLOWING DEPARTMENTS:
METROPOLITAN POLICE
DEFENCE (AIR FORCE)
DEFENCE (CIVIL)
SPECIAL PATROL GROUPS
B.B.C. (INTELLIGENCE BRANCH)
SUB-REGIONAL CONTROLS
COMPUTER DATA SECTION
MICROWAVE COMMUNICATIONS NETWORK
/*ENDLIST

FURTHER CONTROLS AND DATELINE NETWORK CMDAF VIA NDHQ CHELTENHAM
OPERATION 23 NOTIFICATION TO SECTIONS E H W Z VIA NDHQ CHELTENHAM
NORAD CYBERTECH LINK F 6
DATA COMPILATION NETWORK SECTIONS H K W
FURTHER NOTIFICATION FOR ACTION TO BE TAKEN VIA COMM. 46 (78)
RLD CIA NORAD UFO 23
***LISTED AND CLASSIFIED

/*END COPY 17/ .75 CLASSIFIED 2298/44/C/AGDO 2/23M

Der Bundesminister der Verteidigung
Fü L III 4

Bonn, 3. November 1981
(0228) 12- 44 88

Herrn
Michael Hesemann
An der Obererft 88

4040 Neuss 1

Ein Problem für die Bundeswehr

Betr.: Unbekannte Flugobjekte
Bezug: Ihr Schreiben vom 23.10.1981

Sehr geehrter Herr Hesemann!

Ich bestätige den Eingang Ihres Schreibens vom 23.10.1981 und nehme wie folgt Stellung:

Für das Bundesverteidigungsministerium sind nicht identifizierte Flugzeuge (UFO's = unidentified objects) solche Luftfahrzeuge, die ohne Anmeldung - dies kann unterschiedliche Ursachen haben - in den Luftraum der Bundesrepublik Deutschland einfliegen.

Diese Luftfahrzeuge werden aus Sicherheitsgründen mit allen verfügbaren Mitteln identifiziert.

Dem Bundesministerium der Verteidigung liegen konkrete Anhaltspunkte für die Existenz von Flugobjekten, die landläufig als "UFO's" bezeichnet werden, nicht vor.

...

0133/10.80

Postanschrift: Postfach 1328 5300 Bonn 1 | Telefon Vermittlung (0228) 12-1 | Telex 0886575 | Telefax (0228) 12 5357 | Paketanschrift: Paketausgabe 5300 Bonn 7

- 2 -

Aus diesem Grunde erlaube ich mir, von der Beantwortung Ihrer Fragen Abstand zu nehmen.

Mit freundlichen Grüßen
Im Auftrag

Naumann

Wie uns ein zuverlässiger Informant aus Bundeswehr-Kreisen mitteilte, sammelt und analysiert die Bundeswehr dennoch UFO-Berichte - hat dafür aber eine streng geheime Tarnbezeichnung, während als "UFOs" offiziell "nicht identifizierte Flugzeuge" gelten. Mit dieser Methode sichert man die Geheimhaltung - während man auf Anfragen auf die hier wiedergegebene Weise antworten kann ... Oder, wie es unser Informant formulierte: "Die Jungs sind auch nicht auf den Kopf gefallen."

Tatsächlich müßte -NATO-üblich- die Bundeswehr trotz aller anderslautender Beteuerungen, siehe Vorspann dieser Dokumentation, genauso wie England, Frankreich, Italien, Spanien, Griechenland, Norwegen, Schweden ... über eine UFO-Untersuchungsstelle verfügen...

NASA-Mitarbeiter enthüllt:

Bundeswehr unterhält geheime UFO-Untersuchungsstelle

... daß es eine solche Stelle (doch) gibt, erklärte der Raketentechniker Martin REBENSBURG, Ex-Mitarbeiter der US-Raumfahrtbehörde NASA, 1979 in einem Interview MAGAZIN 2000-Mitarbeiter Michael APPEL. Das Interview, das wir hier ungekürzt wiedergeben, erschien in MAGAZIN 2000 Nr. 5/September 1979.

Martin Rebensburg

Wuppertal, Fachdokumentarist, geboren am 8.10.1910 in Barmen, humanistisches Gymnasium, staatl. Studium Reichsfinanzschule, Privat-Studium Raketenphysik und Raketentechnik (Berliner "A"-Programm, spater Raketenwaffe).
Nach 1945 Kreiskulturreferent, Landesbeamter, Elektroniker, Teilnehmer in Cape Kennedy.

Michael Appel: *"Herr Rebensburg, Sie selbst hatten um 1960 eine UFO-Sichtung zwischen Wuppertal und Mettmann, wenn ich mich recht erinnere?"*

Martin Rebensburg: *"Ort des Geschehens, Datum, Uhrzeit sind mir im Moment nicht im Gedächtnis; aber in einem Schreiben welches ich an die Bundesregierung sandte (von dem ich keinen Durchschlag machte) sind diese Daten detailliert aufgeführt. Die Bundesregierung schickte mir eine Bestätigung, daß sie mein Schreiben erhalten habe.'*

Michael Appel: *"Herrn Karger (Mitarbeiter der FGE) gegenüber äußerten Sie, damals vor einem Offiziersgremium der Bundeswehr von ca. 60 Personen, gesprochen zu haben. Sie berichteten dort von Ihrem Erlebnis!?"*

Martin Rebensburg: *"Ja, es hatten sich noch andere Zeugen, wie z.B. aus Aachen, gemeldet, die dasselbe wie ich beobachtet hatten. Ich befand mich damals - um 1960 - in meiner Wohnung, in meiner damaligen Wohnung, in Mettmann. Ich hatte an dem Tag meines Erlebnisses Besuch bekommen, sieben Personen, die alle dieses UFO gesehen haben."*

Hier ist das Schreiben, die Bestätigung des Bundesministeriums." "Beobachtungen eines UFO's - Ihre Eingabe vom 23. Juli 59.

Sehr geehrter Herr Rebensburg!
In Bezug auf Ihr o.a. Schreiben danken wir für die Mitteilung Ihrer Beobachtung.
Bundesministerium für Verteidigung"

Michael Appel: *"Herr Karger erwähnte etwas von einer 'Bundeswehrforschungsstelle für UFO's in Düsseldorf'!?"*

M. Rebensburg: *" 'UFO-Forschungsstelle Düsseldorf-Flughafen', da habe ich damals vorgesprochen, allerdings gab es diese Stelle schon 1955, seit dem 30. Juli 55 genau."*

Michael Appel: *"Herr von Buttlar erwähnte in seinem Buch "UFO-Phänomen" eine Anfrage beim Bundeskanzler hätte ergeben, daß die Sekretärin dem Anrufer eine ausweichende bis abweisende Auskunft gab, daß zu UFO's keine Informationen vorlägen und diese noch nicht genau erforscht seien."*

Martin Rebensburg: *"Das ist wahr, hier in Deutschland ist noch gar nichts in dieser Hinsicht erforscht. Das ist so, ...jeder der UFO's gesehen hat, konnte an die 'Gesellschaft für Weltraumforschung' schreiben. Diese ist dann später umgewandelt worden in die 'UFO-Forschungsstelle Düsseldorf' - dies war eine staatliche Stelle. Sie wurde 1960/61 nach Frankfurt verlegt."*

Michael Appel: *"Ich selbst erfuhr vor einiger Zeit, daß am Frankfurter Flughafen eine solche Stelle bzw. ein spezielles Büro existiert. Dies durch Recherchen einer Mannheimer UFO-Gruppe. - Vielen Dank für dieses Gespräch."*

Michael Appel

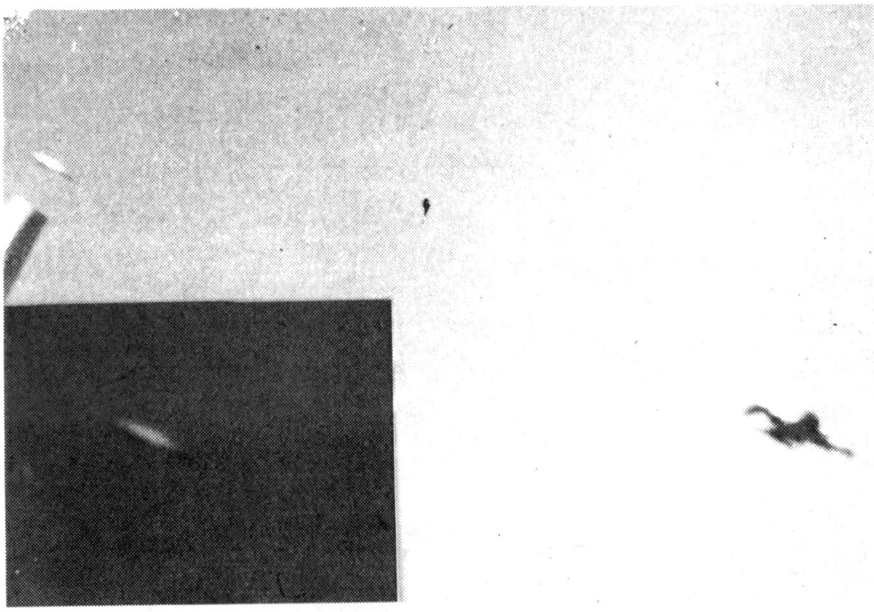

"... sehe ich keinen Grund zur Aufklärung der (UFO-) Problematik..."

-Dr. Manfred WÖRNER, Bundesverteidigungsminister, 8. Dezember 1983

BRD: Luftwaffen-Düsenjäger von UFO verfolgt

Metallisch-leuchtende Scheibe (Pfeil) und PHANTOM-Düsenjäger - aufgenommen am 19. September 1979 über Keltern-Weiler/Baden-Württemberg von Studiendirektor Dr. Karl MAIER mit einer POLAROID-Kamera.

... ist der Bundeswehr wirklich gleichgültig, wer mit ihr "Katz und Maus" spielt?

M.D., Hagen/Ruhrgebiet: "EINMAL SAUSTE EIN OBJEKT AN MEINEN AUGEN VORBEI - ES SAH AUS, WIE EIN FEUERSTRAHL. KURZ DARAUF FLOGEN ZWEI DÜSENJÄGER HINTERHER ... ES WAR EIN GEWALTIGER UNTERSCHIED!"

UFO's beobachten Deutschlands strategische Schlüsselpunkte - ein Indiz für ihre intelligente Steuerung?

Militärische Schlüsselpunkte:

12.5.1974: NATO-Stützpunkte im Niederrheingebiet (Moers, Rheinberg, Larbruch): Mehrere Polizeistreifen beschreiben zwei leuchtende Flugobjekte über Polizeifunk (Tonbänder liegen vor); der britische Luftwaffenstützpunkt Larbruch wird in Alarmbereitschaft versetzt.

Juni 1974: NATO-Hauptquartier Mönchengladbach: Zeuge fotografiert eine leuchtende Scheibe, die acht Minuten lang über dem HQ schwebt.

UFO über dem NATO-HQ Mönchengladbach

16.4.1976: Bundeswehr-Truppenübungsplatz Hilwartshausen (bei Hann.-Münden): 3 Zeugen beobachten die Landung eines kegelförmigen Leuchtobjektes auf Heeresgelände.

12.9.1978: Marinehafen Kiel; 4 Zeugen beobachten die zweistündigen Erkundungsflüge einer ganzen UFO-Armada.

9.2.1980: Heeres-Übungsgelände Holzminden: Polizisten, Soldaten und Zivilisten beobachten den Aufstieg eines (gelandeten?) UFOs vom Heeresgelände aus, das dann die Stadt Holzminden/NRW überquert und nach Angaben zweier Polizei-Funkstreifen weiße und rote Flugkörper entläßt. Major Jürgen SAPAUSCHKE vom Pionierbataillon Holzminden: "MEHRERE PERSONEN SAHEN EINEN LEUCHTEND ROTEN FLUGKÖRPER".

12.3.1982: Rhein-Main-Gebiet: Mindestens 50 Zivilisten und 8 Polizisten beobachten ein scheibenförmiges Objekt, das im Raum Messel/Darmstadt mehrfach landet, und ein Geschwader von 4 Objekten, die in einer Formation am Nachthimmel stehen. Besonderheiten: 12 Zeugen kommen bis auf 30 Meter an das 10 Meter breite Objekt heran, beschreiben es als Scheibe mit durchsichtiger Kuppel und zahlr. farbigen Lichtern; lokale Stromstörungen; Radarortung durch das US-Headquarter Rhein/Main.

1982: Hansestadt Hamburg: UFO-Sichtungen im Januar, Februar, März, Oktober und November.

NATO-ALARM!

UFOs über deutschen NATO-Stützpunkten

Datum: 13./14. Januar 1980, 22.oo-6.oo Uhr

Ort: Luftraum um die NATO- und Bundeswehr-Stützpunkte nördlich von Bremen.

Ablauf:

22.oo, ACHIM: 8 Zeugen, darunter ein Fluglotse, beobachten aus etwa 500 - 1000 Metern Entfernung das als "so groß wie eine Frachtmaschine" beschriebene Objekt, das in einem langgezogenen Linksbogen Richtung Norden fliegt.

23.3o, GARLSTEDT: Zahlreiche Zeugen informieren die Polizei über das Objekt, das jetzt in etwa 100 Meter Höhe über der Garlstedter Heide schwebt.

o1.3o, OSTERHOLZ-SCHARMBECK: Polizei-Funkstreifenwagen nehmen die Verfolgung des Objektes auf, bis es auf der Höhe von Ihlpohl in östliche Richtung verschwindet. Zur selben Zeit waren bei der Polizei mittlerweile 50 Zeugenberichte eingegangen.

US-Abfangjäger auf Ufo-Suche

Blitzende Himmelsscheibe sorgte für Unruhe / Wachhunde in Garlstedt jaulten

15. Jan. 958.80

„Die helle Scheibe leuchtet blau-weiß-rot. Blitze zucken aus dem Körper. Rote und grüne Blinklichter funkelten geheimnisvoll." So beschreiben Augenzeugen eine merkwürdige Himmelserscheinung, die sie in der Nacht zum Montag über Bremen-Nord und Teilen des Landkreises Osterholz gesehen haben. Andere Beobachter sprechen dagegen von einem strahlenden Fixstern oder einem Nordlicht. Wer hat recht? Seit gestern wird in der Hansestadt und Umgebung diese Frage lebhaft diskutiert. Handelte es sich tatsächlich nur um ein Naturphänomen oder gar um ein Ufo aus der Tiefe des Alls? Das „Ding" brachte immerhin Wirbel und Aufregung. Polizisten versuchten der Sache auf die Spur zu kommen. Wachhunde sollen beim Auftauchen der „Scheibe" laut geheult haben. Die US-Militärpolizei in Garlstedt wurde alarmiert. In der Flugsicherungszentrale am Bremer Flughafen liefen die Telefone heiß. Schließlich stiegen sogar von einem Stützpunkt in den Niederlanden Abfangjäger der US-Luftwaffe auf. Sie suchten den Luftraum ab; jedoch vergeblich. Nun war die rätselhafte Erscheinung verschwunden.

Eine Frau aus Garlstedt hatte Sonntag gegen 23.30 Uhr den Stein ins Rollen gebracht. Sie rief bei der Polizei in Vegesack an und berichtete von einem unbekannten Flugobjekt. Die Beamten verwiesen die Anruferin an die Ordnungshüter in Osterholz-Scharmbeck. Vielleicht hat der eine oder andere Beamte über die angebliche Beobachtung geschmunzelt. Keiner ahnte, wie sehr der Himmelskörper sie aber noch beschäftigen sollte.

Bald meldeten sich nämlich andere Bürger. Auch sie sprachen von einer merkwürdigen Scheibe über der Garlstedter Heide. Nun wurde die Polizei aktiv. Und tatsächlich entdeckten [illegible] Männer die geheimnisvolle Erscheinu[illegible] „Hell erleuchteter Gegenstand am Himmel, etwa die Größe eines Sterns, aber viel näher", lautete die erste dienstliche Beschreibung. Die erleuchtete Scheibe ohne scharfe Umrisse schwebte ihrem Bericht zufolge an der Bundesstraße 6 in Höhe Garlstedt. Die Beamten verfolgten sie bis Ihlpohl. Dort verschwand das Objekt in östlicher Richtung. Neben den Sicherheitskräften wollen noch rund 50 Personen in Bremen und dem Landkreis Osterholz diese „Erscheinung ganz besonderer Art" gesehen haben. Augenzeugenberichte sind, so die Polizei, durchaus glaubwürdig. Generell wurde von einer blau-weiß-rot leuchtenden Scheibe mit hellem Kern gesprochen. Über Flughöhe und Geschwindigkeit des Objekts konnten allerdings keinerlei Angaben gemacht werden. Der geheimnisvolle Himmelskörper und die damit verbundenen amtlichen Berichte sind gestern von den niedersächsischen Stellen wie ein Staatsgeheimnis behandelt worden. Man verwies an die Bezirksregierung in Lüneburg. Dort hieß es lapidar: „Es hat sich vermutlich um Spiegelungen des Nordlichts gehandelt, die durch das ungewöhnlich kräftige Hochdrucksystem in der Nacht zum Montag entstanden sein könnten. Die seltsame Erscheinung sei nur vom Erdboden aus sichtbar gewesen."

Beim Auftauchen der Scheibe wurde die Flugsicherung am Bremer Flughafen informiert. So sehr die Männer allerdings auf ihre Radarschirme spähten — von einem unbekannten Flugobjekt war nichts zu sehen. Daher wird auch hier auf ein Nordlicht oder dessen Spiegelung getippt. Ein Sprecher der Behörde verhehlte aber nicht: „Bei niedriger Flughöhe ist unsere Radarkeule schon zu unterlaufen.

Auffälliges wurde beim Bremer Wetteramt nicht registiert. Dort werden jede halbe Stunde Himmel und Wolken genau beobachtet. In der Nacht zum Montag gab es keinerlei Besonderheiten. Die Beschäftigten schließen, wie schon die anderen Stellen, Polarlichterscheinungen nicht aus.

Auch die Bremer Polizei befaßte sich mit dem Spuk am nächtlichen Himmel. Um der Sache auf den Grund zu gehen, fuhr der Beamte vom Lagedienst, Polizeioberrat Wilfried Spychala, vor Ort. Montag gegen 2 Uhr machte er dann das Ding in Heilshorn am nächtlichen Himmel aus. Nach seiner Meinung hat kein geheimnisvolles Ufo, sondern lediglich der Fixstern Sirius im Sternbild Großer Hund Verwirrung gestiftet. Der Beamte meinte gestern: „Der Stern stand tief über der Kimm. Durch das Licht schien es so, als ob er sich bewegte."

Kurz nach 4 Uhr sorgte der Himmelskörper dann auf dem Gelände der Garlstedter Kaserne für letzte Aufregung. Ein US-Militärpolizist glaubte ein Ufo entdeckt zu haben. Angeblich schwebte es nur knapp hundert Meter über der Heide. Beim Anblick der funkelnden Scheibe sollen einige Diensthunde geheult und gejault haben.

Nun wurde die Sache doch noch sehr ernst genommen. Über die Flugsicherung und die Luftverteidigung alarmierte man eine US-Luftwaffeneinheit in den Niederlanden. Die schickte eine Alarmrotte von F-15-Abfangjägern los, um den Luftraum über Osterholz und Bremen absuchen zu lassen. Die Piloten machten jedoch nichts Verdächtiges aus.

Wie sehr Erscheinungen am Himmel die Phantasie beflügeln und für Gesprächsstoff sorgen, macht ein Beispiel aus Bremen-Nord deutlich. Dort hatten gestern vormittag Streifenbeamte am Schönebecker Schloß ein sehr hoch fliegendes und durch Strahlen verzerrt wirkendes Flugzeug gesehen. Auf der Wache sprachen sie dann scherzhaft von einem Ufo. Die „sensationelle" Entdeckung verbreitete sich wie ein Lauffeuer. Die Polizei hatte Mühe, den Irrtum aufzuklären. ri/jöf

Beschreibung des Objektes:

Länglich bis scheibenförmig, ein grelles Licht an der Vorderfront, blinkende und blitzende Lichter in den Farben Rot, Orange und Grün an den Seiten.

Bericht:

"Weserkurier" vom 15. Januar 1980

o4.oo, NATO-Stützpunkt Garlstedt: Ein US-Militärpolizist meldet, er sei auf der B 6 von einem größeren und drei kleinen Objekten verfolgt worden. Das "Mutterschiff" schwebt zu diesem Zeitpunkt noch immer über dem Stützpunkt und kann von acht MP´s und Offizieren beobachtet werden. Sofort versetzen die Amerikaner sämtliche NATO-Basen und US-Flugabwehreinrichtungen in der Bundesrepublik, den Niederlanden und Dänemark in Alarmbereitschaft!

Ufo-Alarm vermutlich wegen Luftspiegelung

Zur Abwehr eines unbekannten Flugobjektes (Ufo) über dem amerikanischen Truppenübungsplatz Garlstedt versetzten die Amerikaner — wie berichtet — alle US-Flugabwehreinrichtungen in der Bundesrepublik und in Dänemark in Alarmbereitschaft. Wie der Sprecher des niedersächsischen Innenministeriums, Hans-Joachim Kloß, dazu erklärte, schickte der NATO-Stützpunkt Brockszeldo in den Niederlanden zwei Düsenjäger auf die vergebliche Suche nach dem Ufo. Bei dem unbekannten Flugobjekt, das in der Nacht zum M[illegible]g im Raum Osterholz-Scharmbeck sechs Stu[illegible]en lang von Hunderten beobachtet wurde, handelt es sich wahrscheinlich um eine Luftspiegelung auf Grund extremer Witterungsverhältnisse. Wie das Innenministerium in Hannover dazu erklärte, glaube die Flugsicherung Bremen an eine Spiegelung eines Nordlichtes, während die Sternwarte Bremen vermute, daß es sich um eine Spiegelung des Sternes Sirius handelte, der sehr tief am Horizont stehe. ddp

o4.2o, Brockszeldo, Niederlande: Der niederländische NATO-Stützpunkt Brockszeldo startet eine aus zwei F-15 bestehende Alarmflotte Richtung Garlstedt - als das UFO plötzlich verschwindet.

o5.45, Garlstedt: Eine Funkstreife der Polizei meldet das UFO. Zur selben Zeit berichtet ein Bauer der Polizei, er hätte die Scheibe fotografiert. Die Aufnahme wird sofort beschlagnahmt!

Nachdem Pressesprecher VOGEL vom Bundes-Verteidigungsministerium das große Interesse der Bundeswehr an den Vorfällen bestätigte, "SCHLIESSLICH SIND DIE UFOS JA ÜBER HEERESTERRITORIUM, DEM TRUPPENÜBUNGSPLATZ GARLSTEDT, GESICHTET WORDEN", erklärte man kurz darauf offiziell, es hätte sich bei dem UFO lediglich um eine "Luftspiegelung" gehandelt! Dazu ein Journalist, der damals "vor Ort" recherchierte:

> Identifiziert werden konnte das Ufo weder von der US-Army noch von deutschen Behörden. Doch verursachte das UFO auf beiden Seiten große Aufmerksamkeit. Die offizielle Darstellung, es habe sich um "Luftspiegelung" oder gar ~~das~~ um "Nordlicht" gehandelt, sind nach meinen Recherchen falsch. Da nach Auskunft der Wetterwarte zu diesem Zeitpunkt beides nicht zutreffen konnte.

USA: UFOs kontrollieren Atomwaffenarsenale

Dokumente und Informationen, die 1977 und 78 von der US-Luftwaffe freigegeben wurden, enthüllen, daß vom 27. Oktober bis 10. November 1975 -in einem Zeitraum von 15 Tagen- eine Reihe amerikanischer Luftwaffenbasen und Atomwaffenarsenale unter Kontrolle unbekannter Flugobjekte -in den Berichten "unknown helicopters" genannt- standen.

DEPARTMENT OF THE AIR FORCE
HEADQUARTERS AEROSPACE DEFENSE COMMAND
PETERSON AIR FORCE BASE, COLORADO 80914

REPLY TO ATTN OF: DAD

4 OCT 1977

SUBJECT: Request for Information Under the Freedom of Information Act

TO: W. Todd Zechel
121 69th Street, Apt 10
Guttenberg, NJ 07093

1. A copy of your letter dated 22 August 1977 was received in this headquarters for direct reply on 19 September 1977. The following Log entries have been extracted for release:

a. NORAD Command Director's Log (1975).

29 October/0630Z: Command Director called by Air Force Operations Center concerning an unknown helicopter landing in the munitions storage area at Loring AFB, Maine. Apparently this was second night in a row for this occurrence. There was also an indication, but not confirmed, that Canadian bases had been overflown by a helicopter.

31 October/0445Z: Report from Wurtsmith AFB through Air Force Ops Center - incident at 0355Z. Helicopter hovered over SAC weapons storage area then departed area. Tanker flying at 2700 feet made both visual sighting and radar skin paint. Tracked object 35NM SE over Lake Huron where contact was lost.

1 November/0920Z: Received, as info, message from Loring AFB, Maine, citing probable helicopter overflight of base.

8 November/0753Z: 24th NORAD Region unknown track J330, heading SSW, 12000 feet. 1 to 7 objects, 46.46N 109.23W. Two F-106 scrambled out of Great Falls at 0745Z. SAC reported visual sighting from Sabotage Alert Teams (SAT) K1, K3, L1 and L6 (lights and jet sounds). Weather section states no anomalous propagation or northern lights. 0835Z SAC SAT Teams K3 and

8 Nov 75 (0635Z) - A security camper team at K-4 reported UFO with white lights, one red light 50 yards behind white light. Personnel at K-1 seeing same object.

8 Nov 75 (0645Z) - Height personnel picked up objects 10-13,000 feet, Track J330, EKLB 0648, 18 knots, 9,500 feet. Objects as many as seven, as few as two A/C.

8 Nov 75 (0753Z) - J330 unknown 0753. Stationary/seven knots/12,000. One (varies seven objects). None, no possibility, EKLB 3746, two F-106, GTF, SCR 0754. NCOC notified.

8 Nov 75 (0820Z) - Lost radar contact, fighters broken off at 0825, looking in area of J331 (another height finder contact).

8 Nov 75 (0905Z) - From SAC CP: L-sites had fighters and objects; fighters did not get down to objects.

8 Nov 75 (0915Z) - From SAC CP: From four different points: Observed objects and fighters; when fighters arrived in the area, the lights went out; when fighters departed, the lights came back on; to NCOC.

8 Nov 75 (0953Z) - From SAC CP: L-5 reported object increased in speed - high velocity, raised in altitude and now cannot tell the object from stars. To NCOC.

8 Nov 75 (1105Z) - From SAC CP: E-1 reported a bright white light (site is approximately 60 nautical miles north of Lewistown). NCOC notified.

9 Nov 75 (0305Z) - SAC CP called and advised SAC crews at Sites L-1, L-6 and M-1 observing UFO. Object yellowish bright round light 20 miles north of Harlowton, 2 to 4,000 feet.

9 Nov 75 (0320Z) - SAC CP reports UFO 20 miles southeast of Lewistown, orange white disc object. 24th NORAD Region surveillance checking area. Surveillance unable to get height check.

9 Nov 75 (0320Z) - FAA Watch Supervisor reported he had five air carriers vicinity of UFO, United Flight 157 reported seeing meteor, "arc welder's blue" in color. SAC CP advised, sites still report seeing object stationary.

9 Nov 75 (0348Z) - SAC CP confirms L-1, sees object, a mobile security team has been directed to get closer and report.

9 Nov 75 (0629Z) - SAC CP advises UFO sighting reported around 0305Z. Cancelled the flight security team from Site L-1, checked area and all secure, no more sightings.

3

Obwohl schallschnelle Abfangjäger gestartet wurden, um die "Helikopter" zu identifizieren, gelang es den Fliegern nie, auch nur in Reichweite eines der UFOs zu gelangen, die, sobald die Verfolgung aufgenommen wurde, mit rasender Geschwindigkeit in den Nachthimmel verschwanden. Die Objekte wurden auf Radar geortet, durch Ferngläser erkannte man Einzelheiten, als ein UFO eine Basis überflog, kam es zu Stromausfällen - und in zwei Fällen landeten die "unknown helicopters" auf dem Gelände der Atomwaffenarsenale.

Betroffen waren:
LORING-Airforce-Base, Maine;
WURTSMITH AFB, Michigan;
MALMSTROM AFB, Montana;
MINOT AFB, North Dakota;
GREAT FALLS AFB, Montana;
HARLOWTON LCF, Montana;
FALCONBRIDGE, Ontario/Kanada.

Sofort schaltete sich die amerikanische Luftüberwachung NORAD ein und forderte die Identifizierung der "Unknowns".

Hier einige Auszüge aus dem vierseitigen Bericht der US-Luftwaffe über die Vorfälle:

"29. Oktober/6.30: DER KOMMANDIERENDE DIREKTOR (der NORAD) WURDE VOM LUFTWAFFEN-OPERATIONSZENTRUM ÜBER DIE LANDUNG EINES UNBEKANNTEN HELIKOPTERS IM GEBIET DER WAFFENDEPOTS DER LORING AFB, MAINE INFORMIERT.

31. Oktober/4.45: BERICHT VON DER WURTSMITH AFB ... HELIKOPTER SCHWEBTE ÜBER DEN SAC-WAFFENLAGERN (d.h. Atomwaffenlagern; SAC = Strategic Air Command)... EIN IN 900 METERN HÖHE FLIEGENDES TANKFLUGZEUG BEOBACHTETE IHN UND ORTETE IHN AUF RADAR..."

8. November/7.53: GREAT FALLS RADAR ORTETE SIE ... UM 9.3o MELDETE SAC, DASS SIE IHRE LICHTER AUSSCHALTEN, WENN SICH DIE F-106 (Abfangjäger) NÄHERN, UND WIEDER EINSCHALTEN, WENN DIE F-106 UMKEHREN."

7. Nov. 75/ 12.03: SAC MELDETE, DASS DIE LCF IN HARLOWTON/MONTANA EIN OBJEKT BEOBACHTETE, DASS EIN LICHT AUSSTRAHLTE, DAS DIE ROLLBAHN ERLEUCHTETE.

7. Nov. 75/ 13.19: ... DAS HELLE OBJEKT, DAS EBEN NOCH IM OSTEN STAND, IST NUN IN DEN SÜDOSTEN GEWANDERT UND WIRD MIT 10x50 FERNGLÄSERN BEOBACHTET. DAS OBJEKT SCHEINT LICHTER (MEHRERE) AUF SEINER OBERFLÄCHE ZU TRAGEN, ABER OHNE BESTIMMTE ANORDNUNG. AUCH DAS ORANGE-GOLDENE OBJEKT ÜBER IHNEN TRUG KLEINE LICHTER...

7. Nov. 75/ 13.27: ... IM NORDOSTEN SCHWARZES OBJEKT IN RÖHRENFORM...

8. Nov. 75/ 9.35: ...L-5 (Abfangjäger) MELDETE, DASS DAS OBJEKT SEINE GESCHWINDIGKEIT ENORM ERHÖHTE, AUFSTIEG UND JETZT NICHT MEHR VON DEN STERNEN UNTERSCHIEDEN WERDEN KANN...

9. Nov. 75/ 3.2o: SAC CP MELDETE UFO 32 KM SÜDÖSTLICH VON LEWISTOWN, EIN ORANGE-WEISSES, SCHEIBENFÖRMIGES OBJEKT...

10. Nov. 75/ 11.25: UFO-SICHTUNG AUF DER MINOT AIRFORCE-STATION, EIN HELLES, STERNENARTIGES OBJEKT IM WESTEN BEWEGT SICH RICHTUNG OSTEN, ETWA SO GROSS WIE EIN AUTO... ÜBERQUERTE DIE RADARSTATION IN 400 BIS 700 METERN HÖHE, OHNE GERÄUSCHE. DREI ZEUGEN SAHEN ES."

Bereits 1973 hatte Luftwaffen-Stabschef General George S. BROWN auf einer Pressekonferenz erklärt, daß seit etwa 1969 -seit die Luftwaffe offiziell keine UFOs mehr untersucht- "enemy helicopters" eine Tarnbezeichnung der Airforce für UFOs ist:

"ICH WEISS NICHT, OB DIESE GESCHICHTE JE ERZÄHLT WURDE. SIE WURDEN NICHT UFOS GENANNT. SIE WURDEN 'ENEMY HELICOPTERS' GENANNT."

L1 report visual, K3 reports target at 300 feet altitude and L4 reports target at 5 miles. Contact lost at 0620Z. F-106s returned to base at 0850Z with negative results. 0905Z Great Falls radar search and height had intermittent contact. 0910Z SAC teams again had visual (Site C-1, 10 miles SE Stanford, Montana). 0920Z SAC CP reported that when F-106s were in area, targets would turn out lights, and when F-106s left, targets would turn lights on. F-106s never gained visual or radar contact at anytime due to terrain clearance. This same type of activity has been reported in the Malmstrom area for several days although previous to tonight no unknowns were declared. The track will be carried as a remaining unknown.

b. 24th NORAD Region Senior Director's Log (Malmstrom AFB, Montana).

7 Nov 75 (1035Z) - Received a call from the 341st Strategic Air Command Post (SAC CP), saying that the following missile locations reported seeing a large red to orange to yellow object: M-1, L-3, LIMA and L-6. The general object location would be 10 miles south of Moore, Montana, and 20 miles east of Buffalo, Montana. Commander and Deputy for Operations (DO) informed.

7 Nov 75 (1203Z) - SAC advised that the LCF at Harlowton, Montana, observed an object which emitted a light which illuminated the site driveway.

7 Nov 75 (1319Z) - SAC advised K-1 says very bright object to their east is now southeast of them and they are looking at it with 10x50 binoculars. Object seems to have lights (several) on it, but no distinct pattern. The orange/gold object overhead also has small lights on it. SAC also advises female civilian reports having seen an object bearing south from her position six miles west of Lewistown.

7 Nov 75 (1327Z) - L-1 reports that the object to their northeast seems to be issuing a black object from it, tubular in shape. In all this time, surveillance has not been able to detect any sort of track except for known traffic.

7 Nov 75 (1355Z) - K-1 and L-1 report that as the sun rises, so do the objects they have visual.

7 Nov 75 (1429Z) - From SAC CP: As the sun rose, the UFOs disappeared. Commander and DO notified.

2

10 Nov 75 (0215Z) - Received a call from SAC CP. Report UFO sighting from site K-1 around Harlowton area. Surveillance checking area with height finder.

10 Nov 75 (0153Z) - Surveillance report unable to locate track that would correlate with UFO sighted by K-1.

10 Nov 75 (1125Z) - UFO sighting reported by Minot Air Force Station, a bright star-like object in the west, moving east, about the size of a car. First seen approximately 1015Z. Approximately 1120Z, the object passed over the radar station, 1,000 feet to 2,000 feet high, no noise heard. Three people from the site or local area saw the object. NCOC notified.

2. HQ USAF/DADF also forwarded a copy of a NORAD document for a review for possible downgrade and release. We have determined the document is properly and currently classified and is exempt from disclosure under Public Law 90-23, 5 USC 552b(1).

3. The decision to withhold release of this document may be appealed in writing to the Secretary of the Air Force within 45 days from the date of this letter. If you appeal, include any reasons for reconsideration you wish to present and attach a copy of this letter. Address your letter as follows: Secretary of the Air Force, thru HQ ADCOM/DAD, Peterson AFB CO 80914.

Terrence C James

TERRENCE C. JAMES, Colonel, USAF
Director of Administration

Cy to: HQ USAF/DAD
HQ USAF/JACL

PRESS REMARKS CONCERNING UFOs

BY GENERAL GEORGE S. BROWN,

CHIEF OF STAFF, USAF

October 16, 1973

Q. General, one more question. What is the Air Force's position on the UFO business?

I don't know whether this story has ever been told or not. They weren't called UFOs. They were called enemy helicopters. And

Luftwaffen-Geheimdienst AFOSI bestätigt: UFO-Landung auf streng geheimen Waffen-Testgelände

Datum: 8. August bis 3. September 1980
Ort: Militärisches Sperrgebiet (Waffen-Testgelände) der KIRTLAND-Luftwaffenbasis, New Mexico/USA (KAFB-NM)

COMPLAINT FORM HQ IVOS

I ADMINISTRATIVE DATA

TITLE: KIRTLAND AFB, NM, 8 Aug - 3 Sep 80, Alleged Sigthings of Unidentified Aerial Lights in Restricted Test Range.

DATE: 2 - 9 Sept 80
TIME: 1200
PLACE: AFOSI Det 1700, Kirtland AFB, NM
HOW RECEIVED: X IN PERSON / TELEPHONICALLY / IN WRITING
SOURCE AND EVALUATION: MAJOR ERNEST E. EDWARDS
RESIDENCE OR BUSINESS ADDRESS: Commander, 1608 SPS, Manzano Kirtland AFB, NM
PHONE: 4-7516
CO 44 APPLIES

II SUMMARY OF INFORMATION

REMARKS

1. On 2 Sept 80, SOURCE related on 8 Aug 80, three Security Policemen assigned to 1608 SPS, KAFB, NM, on duty inside the Manzano Weapons Storage Area sighted an unidentified light in the air that traveled from North to South over the Coyote Canyon area of the Department of Defense Restricted Test Range on KAFB, NM. The Security Policemen identified as: SSGT STEPHEN FERENZ, Area Supervisor, AIC MARTIN W. RIST and AMN ANTHONY D. FRAZIER, were later interviewed separately by SOURCE and all three related the same statement: At approximately 2350hrs., while on duty in Charlie Sector, East Side of Manzano, the three observed a very bright light in the sky approximately 3 miles North-North East of their position. The light traveled with great speed and stopped suddenly in the sky over Coyote Canyon. The three first thought the object was a helicopter, however, after observing the strange aerial maneuvers (stop and go), they felt a helicopter couldn't have performed such skills. The light landed in the Coyote Canyon area. Sometime later, three witnessed the light take off and leave proceeding straight up at a high speed and disappear.

2. Central Security Control (CSC) inside Manzano, contacted Sandia Security, who conducts frequent building checks on two alarmed structures in the area. They advised that a patrol was already in the area and would investigate.

3. On 11 Aug 80, RUSS CURTIS, Sandia Security, advised that on 9 Aug 80, a Sandia Security Guard, (who wishes his name not be divulged for fear of harassment), related the following: At approximately 0020hrs., he was driving East on the Coyote Canyon access road on a routine building check of an alarmed structure. As he approached the structure he observed a bright light near the ground behind the structure. He also observed an object he first thought was a helicopter. But after driving closer, he observed a round disk shaped object. He attempted to radio for a back up patrol but his radio would not work. As he approached the object on foot armed with a shotgun, the object took off in a vertical direction at a high rate of speed. The guard was a former helicopter mechanic in the U.S. Army and stated the object he observed was not a helicopter.

4. SOURCE advised on 22 Aug 80, three other security policemen observed the same

DATE FORWARDED HQ AFOSI: HQ IVOS 10 Aug 80
AFOSI FORM 96 ATTACHED: YES / NO
DATE: 9 Sept 80
TYPED OR PRINTED NAME OF SPECIAL AGENT: RICHARD C. DOTY, SA
SIGNATURE: Richard C. Doty
DISTRICT FILE NO: 8017D93-0/29
DCII RESULTS: NEGATIVE / POSITIVE (See attached)
AFOSI FORM 1

CONTINUED FROM COMPLAINT FORM 1, DTD 9 Sept 80

aerial phenomena described by the first three. Again the object landed in Coyote Canyon. They did not see the object take off.

5. Coyote Canyon is part of a large restricted test range used by the Air Force Weapons Laboratory, Sandia Laboratories, Defense Nuclear Agency and the Department of Energy. The range was formerly patrolled by Sandia Security, however, they only conduct building checks there now.

6. On 10 Aug 80, a New Mexico State Patrolman sighted a aerial object land in the Manzano's between Belen and Albuquerque, NM. The Patrolman reported the sighting to the Kirtland AFB Command Post, who later referred the patrolman to the AFOSI Dist 17. AFOSI Dist 17 advised the patrolman to make a report through his own agency. On 11 Aug 80, the Kirtland Public Information office advised the patrolman the USAF no longer investigates such sightings unless they occur on an USAF base.

7. WRITER contacted all the agencies who utilized the test range and it was learned no aerial tests are conducted in the Coyote Canyon area. Only ground tests are conducted.

8. On 8 Sept 80, WRITER learned from Sandia Security that another Security Guard observed a object land near an alarmed structure sometime during the first week of August, but did not report it until just recently for fear of harassment.

9. The two alarmed structures located within the area contains HQ CR 44 material.

Meldung von Major Ernst E. EDWARDS
Bericht: AFOSI-Sonderagent Richard C. DOTY
Datum: 8. September 1980

Der folgende Bericht bezeugt UFO-Landungen auf dem geheimsten Waffen-Testgelände der Vereinigten Staaten. Die Kirtland-AFB, Sandia/New Mexico war schon in den 40er Jahren Sitz der Atomenergiekommission.

"AM 2. SEPT 80 MELDETE EDWARDS, DASS AM 8. AUG 80 DREI SICHERHEITSPOLIZISTEN DER 1608 SPS, KAFB, NM WÄHREND IHRES DIENSTES IM MANZANO-WAFFENARSENALSGELÄNDE EIN UNIDENTIFIZIERTES LICHT IN DER LUFT BEOBACHTETEN, DAS VON NORD NACH SÜD DEN COYOTE-CANYON-BEREICH DES GESPERRTEN TESTGELÄNDES DES VERTEIDIGUNGSMINISTERIUMS AUF DER KAFB ÜBERQUERTE. (...) DAS LICHT BEWEGTE SICH MIT HOHER GESCHWINDIGKEIT UND STOPPTE PLÖTZLICH IN DER LUFT ÜBER DEM COYOTE-CANYON. DIE DREI DACHTEN ZUERST, DASS ES SICH UM EINEN HELIKOPTER HANDELT, ABER DIE SELTSAMEN LUFTMANÖVER (STOP AND GO) ÜBERZEUGTEN SIE, DASS ES KEIN HELIKOPTER GEWESEN SEIN KONNTE. DAS LICHT LANDETE IM BEREICH DES COYOTE-CANYONS. ETWAS SPÄTER SAHEN DIE DREI, WIE ES WIEDER STARTETE UND MIT HOHER GESCHWINDIGKEIT IN DEN HIMMEL SCHOSS, WO ES VERSCHWAND."

"AM 11. AUG 80 MELDETE RUSS CURTIS VON DER SANDIA-SICHERHEITSABTLG., DASS AM 9. AUG 80 EIN SANDIA-SICHERHEITSBEAMTER DAS FOLGENDE BERICHTETE: GEGEN 00.20 UHR SEI ER AUF DER COYOTE-CANYON-ZUFAHRTSSTRASSE ÖSTLICH GEFAHREN, UM ROUTINEMÄSSIG EIN GEBÄUDE ZU INSTRUIEREN, DESSEN ALARM ANGESCHLAGEN HATTE. ALS ER SICH DEM GEBÄUDE NÄHERTE, BEOBACHTETE ER EIN HELLES LICHT HINTER DER STRUKTUR, VON DEM ER ZUERST DACHTE, DASS ES SICH UM EINEN HELIKOPTER HANDELN KÖNNTE. ABER ALS ER NÄHERKAM, SAH ER EIN RUNDES, SCHEIBENFÖRMIGES OBJEKT. ER WOLLTE ÜBER FUNK UNTERSTÜTZUNG ANFORDERN, ABER SEIN FUNKGERÄT WAR AUSGEFALLEN. ALS ER SICH ZU FUSS, MIT SEINEM GEWEHR BEWAFFNET, DEM OBJEKT NÄHERTE, SCHOSS ES MIT HOHER GESCHWINDIGKEIT VERTIKAL IN DEN HIMMEL.

DER WACHMANN WAR FRÜHER HELIKOPTERMECHANIKER BEI DER ARMY UND ERKLÄRTE, DASS DAS OBJEKT, DAS ER GESEHEN HAT, KEIN HELIKOPTER GEWESEN SEI."

"EDWARDS ERFUHR AM 22. AUG. 80, DASS DREI WEITERE SICHERHEITSPOLIZISTEN DAS SELBE LUFTPHÄNOMEN BEOBACHTET HÄTTEN, DAS DIE ERSTEN DREI BESCHRIEBEN. AUCH SIE SAHEN DAS OBJEKT IM COYOTE-CANYON LANDEN. SIE SAHEN NICHT, WIE ES WIEDER AUFSTIEG."

"COYOTE CANYON IST TEIL EINES GROSSEN, GESPERRTEN TESTGELÄNDES, DAS DIE WAFFENLABORATORIEN DER LUFTWAFFE, DIE SANDIA-LABORATORIEN, DIE BEHÖRDE FÜR NUKLEARVERTEIDIGUNG UND DIE ENERGIEBEHÖRDE BENUTZEN. DAS GELÄNDE WURDE FRÜHER VON DER SANDIA-SICHERHEIT KONTROLLIERT, DIE HEUTE NUR NOCH DIE GEBÄUDE KONTROLLIEREN."

"AM 10. AUG 80 SAH EINE PATROUILLE DES STAATES NEW MEXIKO EIN FLUGOBJEKT, DAS IM MANZANO-GELÄNDE ZWISCHEN BELEN UND ALBUQUERQUE LANDETE." (...)

"DER VERFASSER DIESES BERICHTES KONTAKTIERTE ALLE BEHÖRDEN, DIE DAS TESTGELÄNDE BENUTZEN UND ERFUHR, DASS KEINE TESTFLÜGE IM BEREICH DES COYOTE-CANYON DURCHGEFÜHRT WURDEN. NUR BODENVERSUCHE WURDEN DURCHGEFÜHRT."

"AM 8. SEPT 80 ERFUHR DER VERFASSER VON DER SANDIA SICHERHEIT, DASS EIN WEITERER SICHERHEITS-WACHMANN IN DER ERSTEN AUGUSTWOCHE EIN OBJEKT NEBEN EINER UNTER ALARM STEHENDEN STRUKTUR LANDEN SAH..."

"DIE BEIDEN UNTER ALARM STEHENDEN STRUKTUREN IN DIESER GEGEND BEINHALTEN HQ CR 44 MATERIAL."

Eine weitere brisante Sichtung auf militärischen Gelände in New Mexico schildert ein Memorandum des "National Military Command Centers", Washington D.C., vom 21. Januar 1976 über einen "UFO-BERICHT VON DER CANNON-LUFTWAFFENBASIS, NEW MEXICO"

"ZWEI UFOS WURDEN NAHE DER ROLLBAHN AUF DEM GELÄNDE DER CANNON AFB, NEW MEXICO GEMELDET. DIE SICHERHEITSPOLIZEI, DIE SIE BEOBACHTETE, MELDETE, DIE UFOS HÄTTEN EINEN DURCHMESSER VON 24 METERN, WÄREN GOLD ODER SILBER IN DER FARBE MIT EINEM BLAUEN LICHT AN DER SPITZE, LUKEN IN DER MITTE UND EINEM ROTEN LICHT AM BODEN."

NMCC

THE NATIONAL MILITARY COMMAND CENTER

WASHINGTON, D.C. 20301

THE JOINT STAFF

21 Janaury 1976
0630 EST

MEMORANDUM FOR RECORD

Subject: Report of UFO - Cannon AFB NM

Reference: AFOC Phonecon 21055 EST Jan 76

The following information was received from the Air Force Operations Center at 0555 EST:

"Two UFOs are reported near the flight line at Cannon AFB, New Mexico. Security Police observing them reported the UFOs to be 25 yards in diameter, gold or silver in color with blue light on top, hole in the middle and red light on bottom. Air Force is checking with radar. Additionally, checking weather inversion data."

J.B. Morin
J.B. MORIN
Rear Admiral, USN
Deputy Director for
Operations, NMCC

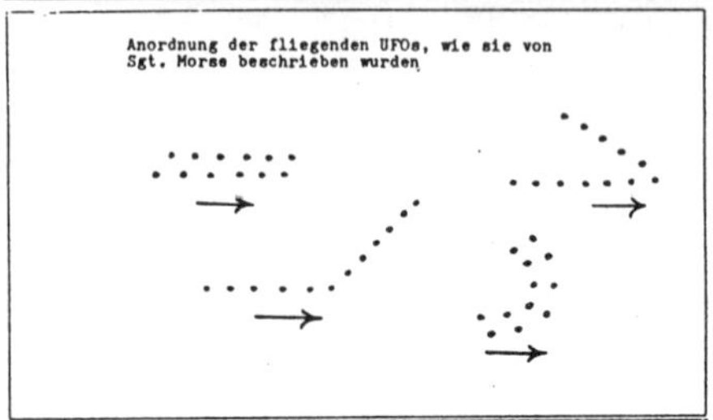

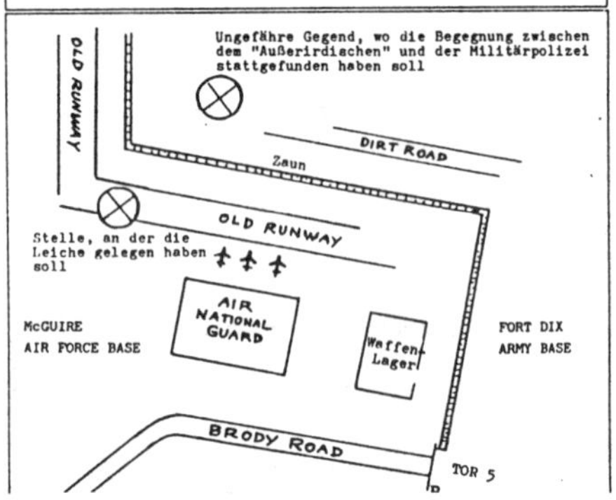

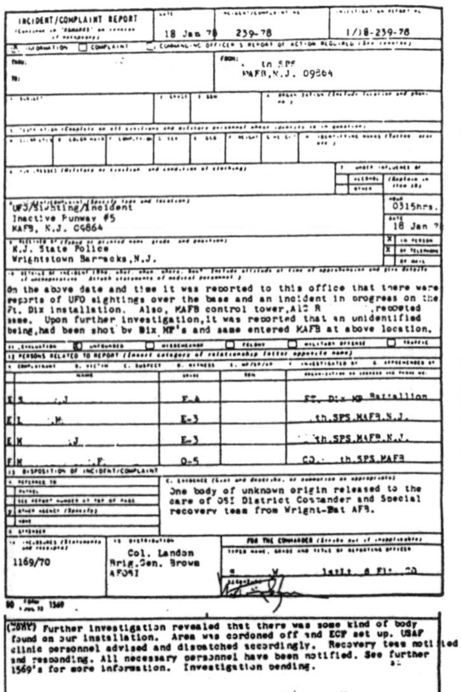

INCIDENT/COMPLAINT REPORT

18 Jan 78 | 239-78 | 1/18-239-78

FROM: th SPS MAFB, N.J. 09864

UFO/Sighting/Incident
Inactive Runway #5
MAFB, N.J. 09864

0315hrs.
18 Jan 78

N.J. State Police
Wrightstown Barracks, N.J.

On the above date and time it was reported to this office that there were reports of UFO sightings over the base and an incident in progress on the Ft. Dix installation. Also, MAFB control tower, A1C R , reported same. Upon further investigation, it was reported that an unidentified being, had been shot by Dix MP's and same entered MAFB at above location.

	Name	Grade	SSN	Organization
E	S ,J	E-4		FT. Dix MP Battallion
E	L ,M.	E-3		th.SPS.MAFB.N.J.
E	M ,J	E-3		th.SPS.MAFB.N.J.
F	M ,F.	O-5		CO. th.SPS.MAFB

One body of unknown origin released to the care of OSI District Commander and Special recovery team from Wright-Pat AFB.

1169/70

Col. Landon
Brig.Gen. Brown
AFOSI

R W 1stLt. & Flt. CO

DD Form 1569

(CONT) Further investigation revealed that there was some kind of body found on our installation. Area was cordoned off and ECP set up. USAF clinic personnel advised and dispatched accordingly. Recovery team notified and responding. All necessary personnel have been notified. See further 1569's for more information. Investigation pending.

C ,W
C Flt. Desk Sergeant

Außerirdischer auf US-Militärbasis getötet

Am 23. September 1980 informierte der Luftwaffen-Sicherheitspolizist Jeffrey MORSE (Pseudonym) den UFO-Forscher Len STRINGFIELD über einen Vorfall, der sich am 17. Januar 1978 auf dem Gelände von Fort Dix/New Jersey zutrug.

In dieser Nacht soll ein Militärpolizist von Ft. Dix von einem niedrig fliegenden, ovalen, bläulich grün leuchtenden Objekt verfolgt worden sein. Dabei fiel die Funkverbindung des Streifenwagens aus. Plötzlich sei vor dem MP ein 1,20 Meter großes, graubraunes Wesen mit einem großen Kopf, langen Armen und einem schmächtigen Körper aufgetaucht. Der MP geriet in Panik und feuerte fünf Mal auf den Fremden. Das UFO schoß in die Höhe und reihte sich in eine Formation von zwölf anderen Objekten ein, die am Himmel standen.

Tatsächlich wird dieser Bericht bestätigt durch eine Meldung vom 18. Januar 1978 an Brigadegeneral BROWN vom AFOSI, derzufolge

"EIN KÖRPER UNBEKANNTER HERKUNFT DEM OSI (Office of Special Intelligence)-DISTRIKT-KOMMANDANTEN UND EINEM SPEZIAL-BERGUNGSTEAM VON DER WRIGHT PATTERSON AFB IN GEWAHRSAM GEGEBEN WURDE."

MORSE, der an der Bergung des Leichnams teilnahm, fertigte die Skizzen der UFO-Formation und des toten Außerirdischen sowie den Lageplan der Basis für STRINGFIELD an.

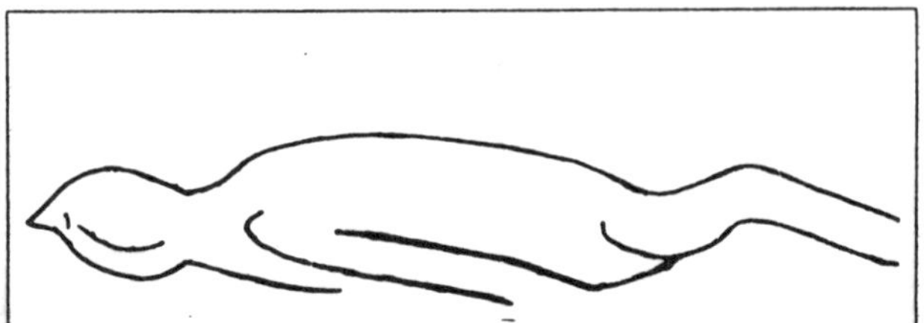

Spanien: UFO-Landung auf Truppenübungsgelände

Número de C. ____ AÑO ____

ASUNTO

INFORME SOBRE O.V.N.I.s

[illegible]	PROCEDENCIA	Registro	DESTINO	EXTRACTO DEL DOCUMENTO
				... día 20 de marzo de 1.964 en la Provincia de Sevilla.
				El día 3 de junio de 1.967, en el espacio aéreo de la Primera Región Aérea.
				El día 19 de diciembre de 1.968, en Madrid.
				El día 25 de febrero de 1.969, durante un vuelo Palma-Barajas.
				El día 26 de septiembre de 1.969, en la provincia de Gerona.
				El día 23 de febrero de 1.971, en el espacio aéreo de la Tercera Región Aérea.
				El día 26 de septiembre de 1.973, durante un vuelo nocturno.
				El día 24 de noviembre de 1.974, en la Isla de Gran Canaria.
				El día 1 de enero de 1.975, en las proximidades de Burgos.
				El día 2 de enero de 1.975, en el Polígono de Tiro de las Bardenas - Reales.
				El día 14 de enero de 1.975, en la pantalla del G.C.A. de la Escuela de Reactores.
				El día 22 de junio de 1.976, en las Islas de Fuerteventura y Gran Canaria.

Am 20. Oktober 1976 erhielt der spanische Journalist und Schriftsteller JUAN JOSÉ BENITEZ durch einen Oberstleutnant des Spanischen Verteidigungsministeriums ein Paket mit offiziellen Dokumenten und Berichten zu 12 UFO-Fällen von 1964 - 1976 ausgehändigt. Die 78 Seiten starke Dokumentation, gestützt durch Radarbilder und Fotos, behandelt die folgenden Sichtungsfälle:

- 20. März 1964, Provinz Sevilla
- 3. Juni 1967 im Luftraum
- 19. Dezember 1968 in Madrid
- 25. Februar 1969 im Gebiet von Palma-Barajas
- 26. September 1969 in der Provinz Gerona
- 23. Februar 1971 im Luftraum
- 26. September 1973 während eines Nachtfluges
- 24. November 1974 auf der Insel Gran Canaria
- 1. Januar 1975 im Gebiet von Burgos
- 2. Januar 1975 in Poligono de Tiro de las Bardenas-Reales
- 14. Januar 1975 auf dem Radarschirm der Flugschule für Düsenjäger
- 22. Juni 1976 auf den Inseln Fuerteventura und Gran Canaria

CONFIDENCIAL

INFORME QUE FORMULA EL COMANDANTE DEL ARMA DE AVIACION (S.V.) [redacted] SOBRE LA NOTICIA DE APARICION DE OBJETOS VOLADORES NO IDENTIFICADOS EN EL POLIGONO DE TIRO DE LAS BARDENAS REALES EL DIA 2 DE ENERO DE 1.975, [redacted]

En el Polígono de Tiro de Las Bardenas Reales a 8 de Enero de 1.975.

Testigos presenciales

Soldado [redacted] (Mecánico)
Cabo [redacted] (Estudiante)
Soldado [redacted] (Agricultor)
Soldado [redacted] (Agricultor)
Soldado [redacted] (Agricultor)
Sargento 1º [redacted]

Se adjunta fotocopias de las declaraciones de estos testigos e informe del Comandante del Destacamento, así como un croquis de las evoluciones que según dichas declaraciones, efectuaron dos objetos voladores no identificados sobre dicho Polígono.

Circunstancias que concurrieron en la observación.

El Sargento 1º observó el segundo de los objetos voladores con unos prismáticos.

La observación del Cabo y los Soldados que estaban de guardia en la Torre Principal, fué a simple vista.

Las condiciones meteorológicas en el momento de la observación eran:

Despejado y con claridad suficiente para percibir los perfiles de los montes cercanos, había bruma por el horizonte.

Los medios de apreciación de distancia y alturas se realizaron por medio de referencias sobre el terreno.

Durante todo el tiempo de la observación no se apreció -- ningun ruido extraño.

CONCLUSIONES

Tomada declaración a todos los testigos presenciales, uno por uno, y por separado, no hubo ninguna contradicción, todos coincidieron exactamente en sus manifestaciones.

De sus informes se desprende, que el día 2 de Enero sobre las 23,00 horas un objeto volador no identificado, sobrevoló el Campo de Tiro de Bardenas Reales, inicialmente a escasa altura sobre el terreno y a poca velocidad hasta el momento en que llegó a la altura de la Torre Principal, lugar de la observación, en el que se elevó rápidamente adquiriendo gran velocidad y desapareció en dirección N.O.

CONFIDENCIAL

DARUNTER ein Fall, der sich am 2. Januar 1975 auf dem Truppen-Übungsgelände von Poligono de Tiro de las Bardenas Reales bei Navarra ereignete. Zeugen waren 4 Soldaten, ein Gefreiter und ein Unteroffizier.

Um 23.00 Uhr sahen die Wachposten ein niedrig fliegendes UFO, das das Übungsgelände in Richtung NW überquerte und erst kurz vor dem Turm hochzog.

Die Wache benachrichtigte sofort den Unteroffizier, der mit dem Fernrohr ausgerüstet beobachtete, wie ein zweites Objekt die selbe Flugbahn nahm. Er beschrieb das Objekt als "EINE UMGEKEHRTE SCHÜSSEL, AUS DER EIN LICHTKEGEL KAM, DER DEN BODEN BELEUCHTETE, UND DAS UNGEFÄHR DIE GRÖSSE EINES LASTWAGENS HATTE." Das Objekt blieb etwa eine halbe Stunde auf dem Gelände und wurde zur selben Zeit auf Radar geortet. "ZWEI TAGE SPÄTER LANDETE EIN UFO AN DER GLEICHEN STELLE".

Am 5. Januar 1975, einem Sonntag, wurde gegen Abend die Wachmannschaft auf dem Turm von der Basis benachrichtigt, daß vier Lichter auf dem Gelände, dort, wo drei Tage zuvor das UFO schwebte, gesehen wurden. Die Wache bestätigte die Beobachtung. Es wurde eine motorisierte, bewaffnete Patrouille zu der Stelle geschickt, als das/die Objekt/e davonflog/en Dort, wo sie gelandet waren, fand die Patrouille einen Kreis verbrannten Grases.

SPANIEN: Luftwaffe bestätigt "Begegnung der Dritten Art"

Ort: Kanarische Inseln - Küste vor Fuertaventura; Gran Canaria; Teneriffa; Gomera, La Palma, Hierro.

Datum: 22. Juni 1976, 21.27 bis 22.30 Uhr

Quelle: Offizieller Untersuchungsbericht der spanischen Luftwaffe, freigegeben am 20. Oktober 1976...

INFORME 01/76 SOBRE O.V.N.I.s.

FECHA: 22 de junio de 1.976
HORA: 21,27 (Z)
LUGAR GEOGRAFICO: Corbeta "ATREVIDA" de la Armada Española. Posición: 3NM. A 180º de Punta Lantailla, Costa Sur-Oriental de la Isla de Fuerteventura.
OBSERVADORES:
Don [redacted], Capitán de Corbeta de la Marina Española. Declarante núm. B-07.
Don [redacted] Alférez de Navío "R.A." de la Marina Española. Declarante núm. B-08.
SITUACION METEOROLOGICA: Mar rizada, noche estrellada con 2/8 Ci y St ocura, sin luna. Viento: 060º/8 Kts. - Visibilidad 30 Kms. Ta'': 21º. Pa: 7,56 Mm.
DESCRIPCION DEL OBJETO: Un foco con cono de luz blanca y halo perfectamente circular de color azul eléctrico. - Color amarillo azulado, predominando el azul sobre todo en el halo. Una pequeña cola.
DESCRIPCION DEL FENOMENO: "Corresponde a la del primer observador, -- Don [redacted], por ser más completa."

A 21,27 (Z) del día 22 de junio, se vió por primera vez un foco luminoso, de color amarillo azulado intenso, saliendo de tierra y elevándose en altura con dirección a nuestra posición. En principio se pensó en un avión con luz de pista encendida. El foco, - una vez tomada cierta altura, (15º-18º), quedó quieto, girando su proyección luminoso, dejándose de ver el foco de origen. Se mantuvo así dos minutos aproximadamente, originandose un gran halo de luz amarillo azulado intenso, que permaneció en la misma posición durante cuarenta minutos, aun después de haber desaparecido el fenomeno que dió origen al mismo.

A los dos minutos el foco se fraccionó, quedando una parte - más pequeña abajo, en el centro del círculo luminiso, formando - una nube azulaaa y desapareciendo la fracción que dió origen a - este nucleo azulado.

La superior tomó altura en espiral de una forma rápida e irregular, desapareciendo posteriormente. Todos estos movimientos no afectaron para nada al halo circular inicial, que quedó siempre - en las mismas condiciones, alumbrando parte de tierra y mar, lo - que hace suponer que no fue un fenómeno lejano sino próximo.

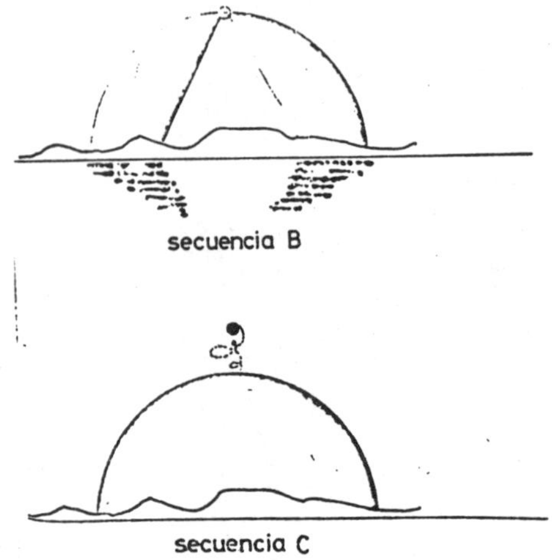

... "INFORME 01/76 SOBRE O.V.N.I.s"

1. Phase: 21.27 bis 22.12 Uhr

Ort: Span. Marinekorvette ATREVIDA, auf der Höhe von Punta Lantailla vor der Südostküste von Fuertaventura.

Zeugen: Der Kapitän der Korvette, der Oberleutnant zur See, Besatzung der ATREVIDA.

Wetter: Unruhige See, teilweise sternklarer Himmel, kein Mond, Wind: 060 Grad/8 Kn; Sichtweite: 20 km.

Beschreibung des Objektes: Ein Punkt mit einem Kegel weißen Lichtes und einem perfekt runden Strahlenkranz von elektrisch blauer Farbe.

Beschreibung des Phänomens: Um 21.27 näherte sich ein Licht von intensiver gelb-bläulicher Farbe. Ein Lichtstrahl erschien, der bald zu einem rotierenden Lichtkegel wurde, dann bildete sich ein Strahlenkranz. Das Phänomen blieb 40 Minuten lang in dieser Form, bis sich das Licht in spiralförmiger Flugbahn entfernte, während der Strahlenkranz noch einige Zeit blieb.

2. Phase (LANDUNG), 21.30 bis 22.00 Uhr:

Ort: Las Rosas im Nordwesten der Insel Gran Canaria

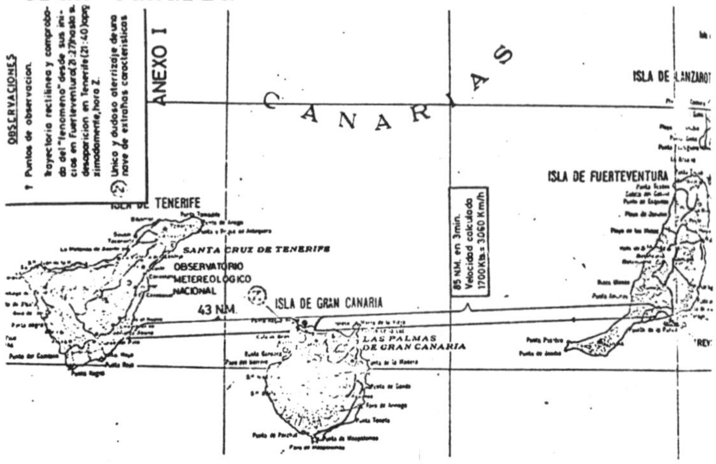

Zeugen: ANFLUG: Hunderte Einheimische und Touristen; eine Flugzeugbesatzung und Passagiere; LANDUNG: ca. 30 Personen, darunter Dr. med. Padrón León aus Guia.

Besonderheiten: Radarortung; Beobachtung von startendem Flugzeug aus; Bild- und Tonstörungen beim Fernsehempfang auf der ganzen Insel.

Flugbahn des Objektes: Von Ost nach West; Landung bei Las Rosas in schwebender Position, langsamer Aufstieg, Formveränderung, Verschwinden in Richtung Teneriffa.

Beschreibung des Objektes: Kreisrund, durchsichtig, elektrisch-bläulich leuchtend, in der Mitte eine Plattform mit drei Platten, davor 2 humanoide Wesen. Durchmesser: Zuerst etwa 10 Meter. Vor dem Aufstieg bildete sich ein Gasmantel von 30 Metern Durchmesser, der schließlich Spindelform annahm.

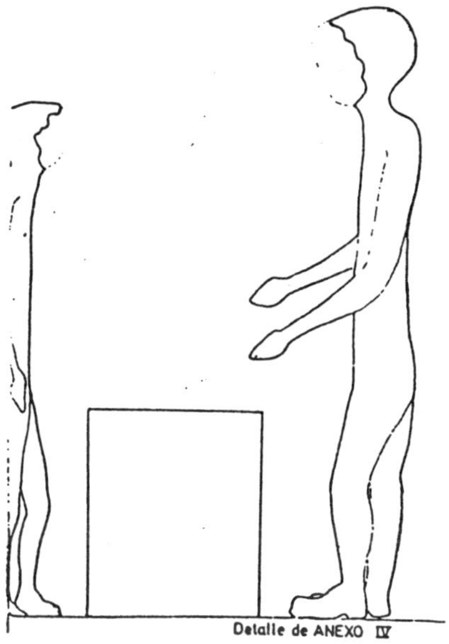

Detalle de ANEXO IV

Beschreibung der Insassen: 2,7o bis 3,oo Meter groß, rote Overalls mit schwarzen Kapuzen, kegelförmige Hände oder Handschuhe, ausgeprägte Hinterköpfe - humanoid.

Entfernung von den Zeugen: 6o Meter (Padrón)

Landestelle: Zwiebelfeld - im Durchmesser von 30 Metern nach dem Vorfall spiralförmig niedergedrückt und teilweise verbrannt, heute unfruchtbar.

3. Phase: 22.00 bis 22.30 Uhr

Ort: Fähre "Stadt Agaete" von Gran Canaria nach Teneriffa; Sternwarte Izaña und Puerto de la Cruz auf Teneriffa; La Gomera, La Palma und Hierro.

Zeugen: Besatzung und Passagiere der Fähre "Stadt Agaete"; Astronomen und Meteorologen des Observatoriums Izaña; Tausende Bewohner und Touristen auf Teneriffa und den anderen Inseln.

Beschreibung des Objektes: Spindelförmig, bläulich leuchtend.

Zeichnungen und UFO-Foto: Aus dem Bericht der span. Luftwaffe. Das Foto nahm ein dt. Tourist in Maspalomas auf. **Foto der Landestelle**: R. Tobisch, Ffm., Juli 1976

England: UFO landet bei NATO-Basis

Datum: 27. Dezember 1980, 2.oo bis 3.3o Uhr
29./30. Dezember 1980, 23.oo bis 4.30 Uhr

Ort: Rendlesham-Wald, Suffolk/Ost-England, zwischen der USAF-Basis WOODBRIDGE und der RAF-Basis BENTWATERS

Quellen: 1. Der freigegebene Bericht des US-Luftwaffenoberstleutnants Charles I. HALT, stellv. Kommandeur der 81. Combat Support Group in W´bridge;
2. Die Berichte der Augenzeugen a/ Oberst Ted CONRAD; US-Sicherheitsoffiziere b/ "James ARCHER", c/ Sgt. Adrian BUSTINZA, d/ "Steve ROBERTS", e/ Sgt. Larry WARREN, f/ Jeff SISSAN; g/ des RAF-Radaroperateurs "David POTTS"; h/ zahlreicher Zivilisten.
3. Butler/Street/Randles: "SKY CRASH" (1984); Good: "ABOVE TOP SECRET" (1988)

Aus dem offiziellen Col. HALT-Bericht: "DAS OBJEKT WURDE ALS METALLISCH BESCHRIEBEN, DREIECKIG IN DER FORM, AN DER BASIS ETWA 2-3 METER BREIT UND CA. 2 METER HOCH (...) DAS OBJEKT SCHWEBTE ODER STAND AUF BEINEN."

Was der Bericht von Col. HALT nur andeutet, erfahren wir konkreter aus den Aussagen von Zeugen der Vorfälle vom 27. und 30. Dezember 1980:

a/ USAF Sicherheitsoffizier "James ARCHER" (Pseudonym) sah gegen 2.oo Uhr geheimnisvolle Lichter im Wald und inspizierte sie auf Anweisung des Flugchefs mit einem Kameraden. Als sie den bunten Lichtern näherkamen, fielen ihre Funkgeräte aus. Dann sahen sie ein "dreieckiges Ding, das auf Beinen stand", dann abhob und über dem Waldboden schwebte. Die Landebeine hinterließen Abdrücke. Archer sah etwas im Schiff, das er für einen Roboter hielt, da es "nicht menschlich" sei.

b/ Der Kommandant der Sicherheitspolizei von Woodbridge, Sergeant Adrian BUSTINZA, beschreibt, wie er nach der ersten Meldung des Objektes mit Colonel HALT nach der Landestelle suchte. Der Jeep sei ausgefallen, man hätte den Weg zu Fuß fortsetzen müssen. Schließlich fanden sie das Objekt, das auf drei Beinen stand. Es hob ab, flog einige Meter an den Bäumen vorbei, landete wieder. Es bewegte sich auf und nieder, trug viele Lichter. Fotografen und Filmer wurden angefordert, Basiskommandant General Gordon WILLIAMS benachrichtigt.

c/ USAF-Sicherheitsoffizier "Steve ROBERTS" erklärte, die UFO-Landung sei eine Notlandung gewesen. Er selbst hätte gesehen, wie drei kleine, in silberne

(6109)

DEPARTMENT OF THE AIR FORCE
HEADQUARTERS 81ST COMBAT SUPPORT GROUP (USAFE)
APO NEW YORK 09755

REPLY TO ATTN OF: CD — 13 Jan 81

SUBJECT: Unexplained Lights

TO: RAF/CC

1. Early in the morning of 27 Dec 80 (approximately 0300L), two USAF security police patrolmen saw unusual lights outside the back gate at RAF Woodbridge. Thinking an aircraft might have crashed or been forced down, they called for permission to go outside the gate to investigate. The on-duty flight chief responded and allowed three patrolmen to proceed on foot. The individuals reported seeing a strange glowing object in the forest. The object was described as being metalic in appearance and triangular in shape, approximately two to three meters across the base and approximately two meters high. It illuminated the entire forest with a white light. The object itself had a pulsing red light on top and a bank(s) of blue lights underneath. The object was hovering or on legs. As the patrolmen approached the object, it maneuvered through the trees and disappeared. At this time the animals on a nearby farm went into a frenzy. The object was briefly sighted approximately an hour later near the back gate.

2. The next day, three depressions 1 1/2" deep and 7" in diameter were found where the object had been sighted on the ground. The following night (29 Dec 80) the area was checked for radiation. Beta/gamma readings of 0.1 milliroentgens were recorded with peak readings in the three depressions and near the center of the triangle formed by the depressions. A nearby tree had moderate (.05-.07) readings on the side of the tree toward the depressions.

3. Later in the night a red sun-like light was seen through the trees. It moved about and pulsed. At one point it appeared to throw off glowing particles and then broke into five separate white objects and then disappeared. Immediately thereafter, three star-like objects were noticed in the sky, two objects to the north and one to the south, all of which were about 10° off the horizon. The objects moved rapidly in sharp angular movements and displayed red, green and blue lights. The objects to the north appeared to be elliptical through an 8-12 power lens. They then turned to full circles. The objects to the north remained in the sky for an hour or more. The object to the south was visible for two or three hours and beamed down a stream of light from time to time. Numerous individuals, including the undersigned, witnessed the activities in paragraphs 2 and 3.

CHARLES I. HALT, Lt Col, USAF
Deputy Base Commander

Raumanzüge gekleidete Insassen in einem Lichtkegel geschwebt und Reparaturen durchgeführt hätten. General WILLIAMS hätte mit den Wesen telepathisch und durch Zeichensprache kommuniziert. Zahlreiche Sicherheitsbeamte seien präsent gewesen und hätten Fotos und Filme aufgenommen, die sofort konfisziert und zur Auswertung in das Hauptquartier der US-Streitkräfte in Europa, die Rhein/Main-AFB, geflogen wurden.

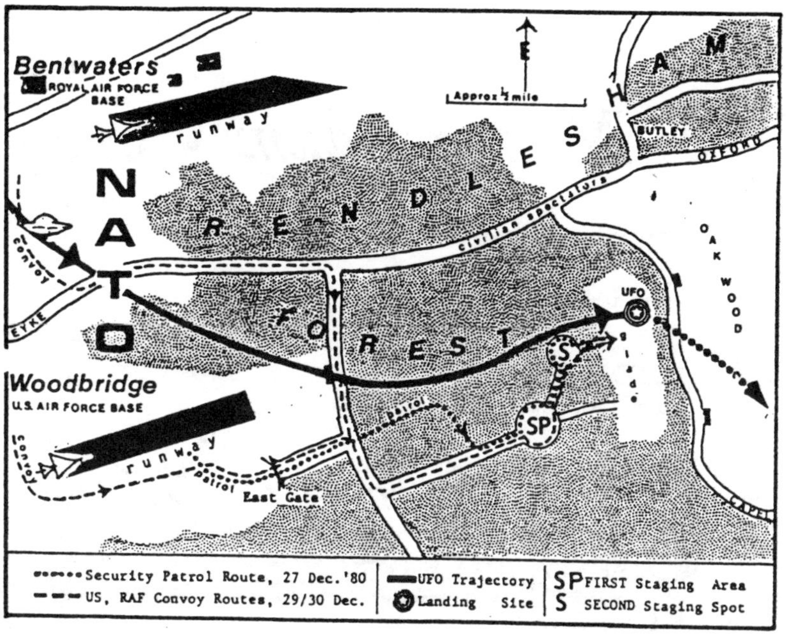

d/ Radaroperateur "David POTTS" von der RAF-Basis Watton/Norfolk teilte mit, daß er in der Nacht des 27.12. "unidentifizierte Objekte" im Bereich Rendlesham auf Radar geortet hat. Benachrichtigte Angehörige der brit. Streitkräfte erzählten ihm später, daß Motoren und das Licht ihrer Jeeps in der Nähe der Landestelle ausgefallen seien und sie ihren Weg zu Fuß fortsetzen mußten. Sie hätten dann das gelandete Objekt angetroffen, mit dessen Insassen General WILLIAMS kommunizierte. Später hätten AFOSI-Offiziere die Radaroperateure aufgeklärt, daß ein "unbekanntes strukturiertes Objekt" notgelandet sei.

e/ USAF Sicherheitsoffizier Sergeant Larry WARREN, der zu dieser Zeit in BENTWATERS stationiert war, berichtet von einer zweiten großen Operation am 30. Dezember. Im Jeep wurde er in dieser Nacht mit anderen Sicherheitsbeamten in das Gelände gefahren, bis plötzlich der Motor des Wagens ausfiel. Nach einem kurzen Fußmarsch traf die Gruppe in einer Waldlichtung auf andere Militärs, darunter auch einige britische Offiziere. Helikopter kreisten über der Landestelle. Filmkameras waren auf das Objekt gerichtet, das über dem Boden schwebte. Erst einer "durchsichtigen Aspirintablette" gleich, zerbarst es in allen Regenbogenfarben und gab ein kuppelförmiges, metallisches Objekt frei. WARREN verlor das Bewußtsein und fand sich in seinem Bett wieder. Er und seine Kameraden wurden in den nächsten Tagen angewiesen, diese "Hochsicherheitsangelegenheit" geheim zu halten. Kameraden erzählten ihm von kleinen Wesen, die aus dem UFO gestiegen sein sollen.

(E109)

DEPARTMENT OF THE AIR FORCE
HEADQUARTERS 81ST COMBAT SUPPORT GROUP (USAFE)
APO NEW YORK 09755

Datum: 13. Jan. 81

13 Jan 81

Thema: Seltsame Lichter

1. Am frühen Morgen des 27. Dez. 80 (etwa 3.00 Uhr) sahen zwei auf Patrouille befindliche Sicherheitsbeamte der US-Luftwaffe seltsame Lichter außerhalb des Hintertores der RAF Woodbridge. Da sie dachten, ein Flugzeug könnte abgestürzt oder notgelandet sein, baten sie um Erlaubnis, außerhalb des Tores zu suchen. Der diensthabende Flugchef gestattete drei Wachmännern die Suche zu Fuß. Die Personen beschrieben, ein seltsames, glühendes, Objekt im Wald zu sehen. Das Objekt wurde als metallisch beschrieben, dreieckig in der Form, an der Basis etwa zwei bis drei Meter breit und ungefähr zwei Meter hoch. Es erhellte den ganzen Wald mit einem weißen Licht. Das Objekt selbst hatte ein rotes, blinkendes Licht auf der Spitze, und ein Band blauer Lichter an der Unterseite. Das Objekt schwebte oder stand auf Beinen. Als die Wachen sich dem Objekt näherten, schwebte es zwischen den Bäumen davon und verschwand. Zu diesem Zeitpunkt gerieten die Tiere eines nahegelegenen Hofes in Raserei. Das Objekt wurde etwa eine Stunde später noch einmal kurz nahe dem Hintertor gesichtet.

2. Am nächsten Tag wurden drei Abdrücke von 4 Zentimetern Tiefe und 16 Zentimetern Durchmesser dort gefunden, wo das Objekt am Boden gesehen worden war. In der folgenden Nacht (29. Dez. 80) wurde die Gegend auf Strahlung hin überprüft. Eine Beta/Gamma-Strahlung von 0.1 Millliröntgen wurde in den drei Abdrücken wie in der Mitte des von den Abdrücken geformten Dreiecks gemessen. Bei einem Baum in der Nähe hingegen konnten mäßige Werte (.05-.07) an der den Abdrücken zugewandten Seite des Stammes festgestellt werden.

3. Später in der Nacht wurde ein rotes, sonnenähnliches Objekt durch die Bäume gesehen. Es bewegte sich und pulsierte. Einmal schien es glühende Teilchen auszustoßen, dann brach es in fünf einzelne weiße Objekte anseinander und verschwand. Sofort danach bemerkte man drei sternartige Objekte am Himmel, zwei Objekte im Norden und eines im Süden, etwa 10 Grad über dem Horizont. Die Objekte bewegten sich in schnellen und scharf-rechtwinkligen Bewegungen und strahlten in grünen und blauen Lichtern. Das Objekt im Norden erschien durch ein 8-12 Fernglas elliptisch.
Dann wurden sie zu vollen Kreisen. Das Objekt im Norden blieb noch etwa eine Stunde oder länger am Himmel. Die Objekte im Süden waren noch zwei bis drei Stunden lang zu sehen und strahlten von Zeit zu Zeit Lochtstrahlen zur Erde. Zahlreiche Personen einschließlich des Unterzeichnenden (also Col. Halt, d. Übers.) wurden Zeugen der unter 2) und 3) beschriebenen Aktivitäten.

(unterzeichnet)
Charles I. Halt, Lt. Col., USAF
Stellvertretender Basis-Kommandeur

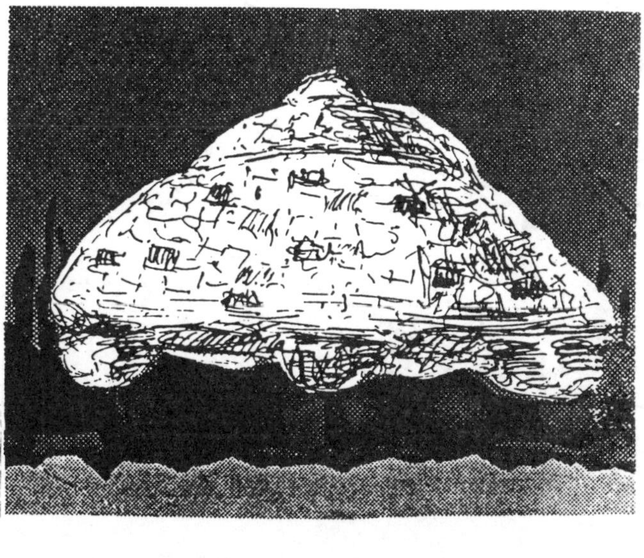

Office Memorandum • UNITED STATES GOVERNMENT

TO : DIRECTOR, FBI DATE: March 22, 1950

FROM : GUY HOTTEL, SAC, WASHINGTON

SUBJECT: FLYING SAUCERS
INFORMATION CONCERNING

Flying Discs or Flying Saucers

The following information was furnished to SA [redacted] by [redacted]

An investigator for the Air Forces stated that three so-called flying saucers had been recovered in New Mexico. They were described as being circular in shape with raised centers, approximately 50 feet in diameter. Each one was occupied by three bodies of human shape but only 3 feet tall, dressed in metallic cloth of a very fine texture. Each body was bandaged in a manner similar to the blackout suits used by speed flyers and test pilots.

According to Mr. [redacted] informant, the saucers were found in New Mexico due to the fact that the Government has a very high-powered radar set-up in that area and it is believed the radar interferes with the controling mechanism of the saucers.

No further evaluation was attempted by SA [redacted] concerning the above.

RHK:VIM

RECORDED - 3

INDEXED - 3

62-83894-209

MAR 23 1950

34

[redacted]

51 MAR 29 1950

USA: Die Jagd auf die abgestürzten Untertassen

MEMORANDUM des FBI-Agenten GUY HOTTEL, Washington, an den Direktor der US-Bundespolizei FBI, J. EDGAR HOOVER vom 22. März 1950. Thema: Informationen über Fliegende Untertassen:

"EIN UNTERSUCHER DER LUFTWAFFE ERKLÄRTE, DASS DREI SOGENANNTE FLIEGENDE UNTERTASSEN IN NEW MEXICO GEBORGEN WURDEN. SIE WURDEN ALS KREISRUND IN DER FORM BESCHRIEBEN, MIT ERHÖHTEN ZENTREN, ETWA 17 METER IM DURCHMESSER. IN JEDER FAND MAN DREI MENSCHENÄHNLICHE WESEN, JEDOCH NUR 1 METER GROSS UND MIT EINEM METALLISCHEN ANZUG AUS SEHR FEINEM STOFF BEKLEIDET. JEDER KÖRPER WAR IN ÄHNLICHER FORM BANDAGIERT, WIE DIE NOTANZÜGE UNSERER HOCHGESCHWINDIGKEITS- UND TESTPILOTEN.

DEM INFORMANTEN VON MR. XXXX ZUFOLGE FAND MAN DIE UNTERTASSEN IN NEW MEXIKO AUFGRUND DER TATSACHE, DASS DIE REGIERUNG ÜBER EIN SEHR STARKES RADARSYSTEM IN DIESER GEGEND VERFÜGT, UND MAN GLAUBT, DASS RADAR DIE KONTROLLMECHANISMEN DER UNTERTASSEN STÖRT."

In einem anderen FBI-Memorandum vom 24. Juli 1947, 17 Tage nach der Bergung des Roswell-Wracks, geht es um Pläne für eine Zusammenarbeit mit den Geheimdiensten der US-Streitkräfte -speziell der Luftwaffe- und dem FBI in der UFO-Frage.

Der handschriftliche Kommentar von FBI-Direktor J. EDGAR HOOVER:

"ICH WÜRDE ES MACHEN, DOCH BEVOR WIR ZUSTIMMEN, MÜSSEN WIR AUF VOLLEN ZUGANG ZU DEN AUFGEFUNDENEN SCHEIBEN BESTEHEN. ZUM BEISPIEL IM 1A.-FALL RISS DIE ARMY SIE AN SICH UND LIESS NICHT EINMAL DIE FLÜCHTIGSTE UNTERSUCHUNG DURCH UNS ZU."

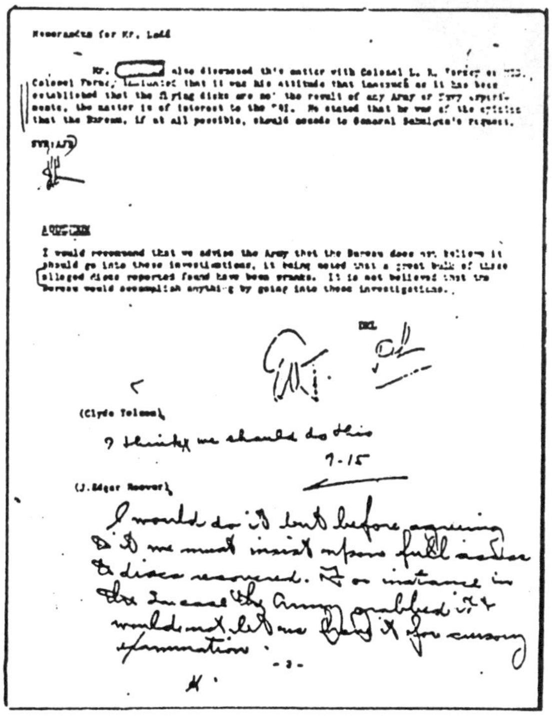
Memorandum for Mr. Ladd

Mr. [redacted] also discussed this matter with Colonel L. R. Forney of MID. Colonel Forney indicated that it was his attitude that inasmuch as it has been established that the flying disks are not the result of any Army or Navy experiments, the matter is of interest to the FBI. He stated that he was of the opinion that the Bureau, if at all possible, should accede to General Schulgen's request.

ADDENDUM

I would recommend that we advise the Army that the Bureau does not believe it should go into these investigations, it being noted that a great bulk of those alleged discs reported found have been pranks. It is not believed that the Bureau would accomplish anything by going into these investigations.

DML

(Clyde Tolson)

I think we should do this
7-15

(J. Edgar Hoover)

I would do it but before agreeing to it we must insist upon full access to discs recovered. For instance in the La. case the Army grabbed it & would not let us have it for cursory examination.

- 2 -

Die UFO-Abstürze 1947 - 1953

Auf der Grundlage zahlreicher Zeugenaussagen pensionierter US-Militärangehöriger, Geheimdienstoffiziere und Wissenschaftler, die der amerikanische UFO-Forscher LEN STRINGFIELD und andere sammelten, sind wir in der Lage, insgesamt vier Abstürze/Bergungen auf dem Territorium der Vereinigten Staaten zu rekonstruieren.

ORT, DATUM	ZEUGEN	BESCHREIBUNG DES WRACKS UND DER INSASSEN
ROSWELL, NEW MEXICO 2. Juli 1947 	a/ Nachrichtendienstoffizier Major JESSE MARCEL b/ AF General ROGER M. RAMEY c/ WILLIAM BRAZEL, Rancher d/ BILL BRAZEL, Sohn e/ BESSIE BRAZEL-SCHREIBER f/ Dr. med. J.A. MARCEL g/ Luftwaffeningenieur GRADY L. BARNETT Total: 92 Zeugen, davon 35 Firsthand-witnesses interviewt von WILLIAM MOORE und Atomphysiker STANTON FRIEDMAN Beweise: a/ Pressemitteilung von WALTER HAUT, Presseoffizier der Roswell AAB b/ Majestic 12-Bericht	Das Schiff ist explodiert: "Art metallische Scheibe", auseinandergerissen (BARNETT) "Glich am ehesten dem, was damals als Fliegende Untertasse bekannt war" "Die Überreste waren an den Innenseiten mit fremdartigen Hieroglyphen bedeckt" (DR. MARCEL) "Pergamentartiges Zeug, mit Hieroglyphen bedeckt, Stäbe, leicht wie Balsaholz" (MAJOR MARCEL) "Holzähnliche Partikel, leicht wie Balsaholz, metallartige Substanzen, nur nicht zerreißbar und federleicht; alles mit Hieroglyphen bedeckt." (BILL BRAZEL) "Die Körper waren wie die von Menschen und doch anders. Die Köpfe waren rund, die Augen klein, sie hatten keine Haare ... ihre Köpfe waren überproportional groß." (BARNETT) "Vier kleine, menschenähnliche Wesen..." (MJ 12-BERICHT)
AZTEC, NEW MEXICO 25. März 1948 	a/ Dr. SILAS NEWTON, Experte für Magnetismus b/ "Dr. GEE", Geophysiker c/ Dr. CARL A. HEILAND d/ Army-Nachrichtendienstoffizier Captain V.A.POSTLETHWAIT e/ Sicherheitswachmann ARTHUR BRAY f/ Ortsansässiger "V.A." Beweise: Dr. ROBERT I. SARBACHERS Bestätigung an WILBERT SMITH, daß Frank Scullys Buch über den Aztek-Fall "Behind the Flying Saucers" den "substanziell richtig" sei. Prof. ROBERT SPENCER CARR, Universität Florida, sprach mit 5 Zeugen. DER FALL IST DENNOCH UMSTRITTEN UND FINDET KEINE ERWÄHNUNG IM MJ 12-BERICHT.	Scheibenförmig, mit einer Kuppel in der Mitte, 33 Meter im Durchmesser. Aus einem extrem leichten Metall, das widerstandsfähiger und hitzebeständiger als Aluminium ist. Im Inneren ein Intrumentenbord, das mit hieroglyphenartigen Schriftzeichen bedeckt war. Man fand 14-16 tote Insassen, rund 1,20 groß, in einteiligen Raumanzügen, mit großen Köpfen, schmalen Augen und einem schmalen, dünnen Körper. (Quellen: Scully, "BEHIND THE FLYING SAUCERS" (1950), Steinman/Stevens, "UFO-CRASH AT AZTEC" (1986)

MEXIKANISCH- TEXANISCHE GRENZE NAHE LAREDO/TEXAS 6. Dezember 1950 (auf mexikanischem Gebiet) 	a/ Colonel (Oberst) N.N., Dyess AFB, Texas b/ Colonel JOHN W. BOWEN, Carswell AFB, Texas c/ Commander "SMITH" von der US-Botschaft in Mexico City d/ Spezialfotograf vom White Sands-Atomwaffentestgelände New Mexico e/ Prof. Dr. N.N., Physiker und Metallurge der Univer- sität von Austin/Texas f/ 5-Sterne-General GEORGE G. MARSHALL, <u>Außenminister der Vereinigten Staaten</u> <u>Beweise</u>: a/ Zwei Fotos, die der o.g. Fotograf der UFO-Forschungs gruppe MARCEN zuleitete b/ Erwähnung im MJ 12-Bericht c/ Aussage des EARL OF CLAN- CARTY vom Brit. Oberhaus, der von Englands Luftmar- schall DOWDING über Gen. MARSHALLS Intervention er- fuhr.	Das Objekt wurde auf Radar geortet, bevor es abstürzte. Col. N.N. war gerade auf einem Übungsflug, als er zum Absturzgebiet auf mex. Gebiet, 50 km. südl. von Laredo/TX, beordert wurde. (Col. N.N.) Das Objekt hatte einen Durchmesser von 30 Metern. (Col. BOWEN). Das Objekt war ausgebrannt (MJ 12). Offenbar war es explodiert. Partikel kleiner, unzerstörbarer Folie lagen über das ganze Gebiet zerstreut. (Fotograf) Es wurde ein verkohlter Insasse geborgen, 1,30 m groß, mit extrem großem Kopf. (Col. BOWEN) Die Arme waren länger als die eines Menschen, der Körper schmal. (Fotograf) Die beiden Fotos des Insassen bestätigen diese Angaben. Außenminister MARSHALL holte bei der mexikanischen Regierung die Genehmigung für den Grenzübertritt ein, nachdem er erklärte, daß ein "spezielles Testflugzeug" der US-Luftwaffe außer Kontrolle geraten sei.
KINGMAN, ARIZONA 20. Mai 1953 	a/ Ing. "FRITZ WERNER", Mathematiker und Physiker vom Atombombenversuchsge- lände Nevada b/ Geheimdienstoffizier N.N. c/ Major DALY d/ Adjutant eines Luftwaffen- generals e/ Angeh. der Nationalen Luft- überwachung f/ Wachmann der Wright Patter- son AFB g/ Radarspezialist der USAF, "T.E." <u>Beweise</u>: a/ Eidesstattliche Erklärung von "FRITZ WERNER"	Ovales Objekt, "wie zwei Schüsseln, Rand an Rand zusammengefügt", 10 Meter im Durchmesser. Mattsilbriges Metall, ähnlich wie Aluminium Aufgangsrampe geöffnet. Innen zwei Drehstühle, eine ovale Kabine und eine Menge Instrumente. (WERNER) Eine metallurgische Analyse ergab, daß das Metall des Objektes auf der Erde unbekannt ist. (DALY) In einem Zelt lag der geborgene Körper eines der Insassen: 1,20 Meter groß, dunkelbraune Haut. (WERNER) Man fand vier Insassen, 1,00 - 1,20 Meter groß, haarlos und humanoid. (ADJUTANT) Die Leichen wurden zur Untersuchung in die WRIGHT PATTERSON-AFB gebracht. (Zeugen e,f) Dort sah "e" auch Aufnahmen von Gegenständigen, die mit "Hieroglyphen" bedeckt waren.

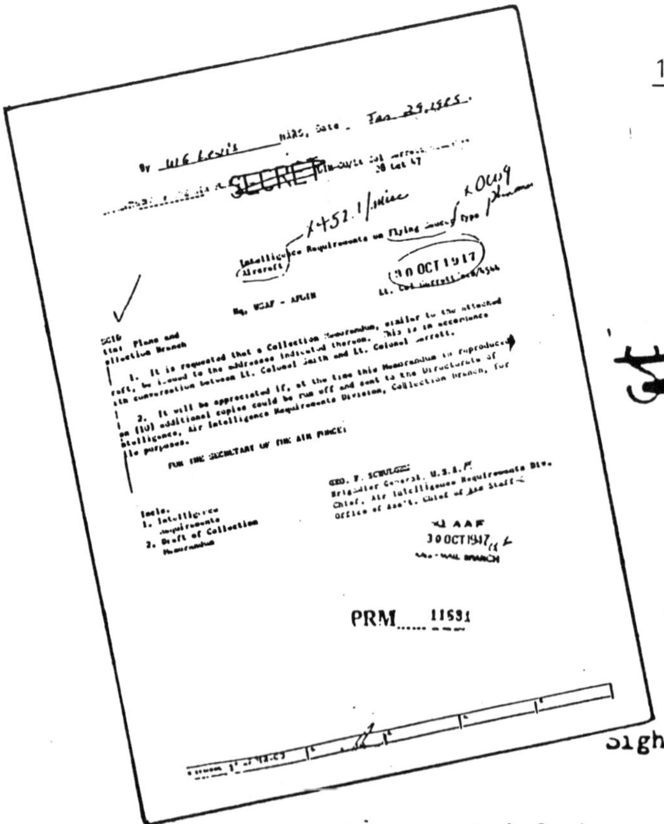
By W. B. Lewis … Date … Jan 29, 1985

SECRET

… 30 Oct 47

Intelligence Requirements on Flying Saucer Type Aircraft

30 OCT 1947

Hq. USAF - AFOIR

… Plans and … Collection Branch

1. It is requested that a Collection Memorandum, similar to the attached draft, be issued to the addressees indicated thereon. This is in accordance with conversation between Lt. Colonel Smith and Lt. Colonel …

2. It will be appreciated if, at the time this Memorandum is reproduced, ten (10) additional copies could be run off and sent to the Directorate of Intelligence, Air Intelligence Requirements Division, Collection Branch, for file purposes.

FOR THE SECRETARY OF THE AIR FORCE:

GEO. F. SCHULGEN, Brigadier General, U.S.A.F., Chief, Air Intelligence Requirements Div., Office of Ass't. Chief of Air Staff-2

Incls.
1. Intelligence Requirements
2. Draft of Collection Memorandum

30 OCT 1947

PRM 11591

1947: Die Suche nach ihrem Ursprung

Am 30. Oktober 1947 beauftragte Brigade-General F. SCHULGEN den US-Luftwaffen-Geheimdienst mit der Zusammenstellung aller verfügbaren Informationen über "Flugzeuge vom Typ 'Fliegende Untertasse'".

Wie er diese definierte, entnehmen wir seinem "Memorandum zur Datensammlung"

COLLECTION MEMORANDUM

type aircraft or object in flight, approxi-
reported by many observers from widely
States, Alaska, Canada, Hungary, the Island
been reported by many competent observers,
sightings have been made from the ground as well

2. Commonly reported features that are very significant and which may aid in the investigation are as follows:

a. Relatively flat bottom with extreme light-reflecting ability.

b. Absence of sound except for an occasional roar when operating under super performance conditions.

c. Extreme maneuverability and apparent ability to almost hover.

d. A plan form approximating that of an oval or disc with a dome shape on the top surface.

e. The absence of an exhaust trail except in a few instances when it was reported to have a bluish color, like a Diesel exhaust, which persisted for approximately one hour. Other reports indicated a brownish smoke trail that could be the results of a special catalyst or chemical agent for extra power.

f. The ability to quickly disappear by high speed or by complete disintegration.

g. The ability to suddenly appear without warning as if from an extremely high altitude.

h. The size most reported approximated that of a C-54 or Constellation type aircraft.

i. The ability to group together very quickly in a tight formation when more than one aircraft are together.

j. Evasive action ability indicates possibility of being manually operated, or possibly by electronic or remote control devices.

k. Under certain power conditions, the craft seems to have the ability to cut a clear path through clouds — width of path estimated to be approximately one-half mile. Only one incident indicated this phenomenon.

SECRET!

2. Control

For any aircraft whose shape approximates that of an oval, disc, or saucer, information reagrding the following items is requested:

a. Boundary layer control method by suction, blowing, or a combination of both.

b. Special controls for effective maneuverability at very slow speeds or extremely high altitudes.

c. Openings in either the leading edge top and bottom surfaces that are employed chiefly to accomplish boundary layer control or for the purpose of reducing the induced drag. Any openings in the leading edge should be reported and described as to shape, size, etc. This investigation is significant to justify a disc shape configuration for long-range application.

d. Approximate airfoil shape in the center and near the tips.

e. Front view and rear view shape.

3. Items of Construction

a. Type of material, whether metal, ferrous, non-ferrous, or non-metallic.

b. Composite or sandwich construction utilizing various combinations of metals, metallic foils, plastics, and perhaps balsa wood or similar material.

c. Unusual fabrication methods to achieve extreme light weight and structural stability.

SECRET

Stammen diese Informationen aus den Untersuchungsergebnissen des UFO-Wracks, das vier Monate zuvor in Roswell/N.M. geborgen wurde?

Wie sonst konnte General SCHULGEN

"EINE SANDWICH-KONSTRUKTION UNTER VERWENDUNG VERSCHIEDENER METALL-KOMBINATIONEN, METALL-FOLIEN, PLASTIKARTEN UND VIELLEICHT BALSA-HOLZ ODER ÄHNLICHES MATERIAL...

... UNGEWÖHNLICHE HERSTELLUNGSWEISEN ZUR ERREICHUNG EINES EXTREM LEICHTEN GEWICHTES BEI HOHER STRUKTURELLER STABILITÄT"

... zu den UFO-Eigenschaften rechnen?

Beschrieben nicht auch die Zeugen von Roswell (siehe vorstehende Doppelseite) das geborgene Material als

"HOLZÄHNLICHE PARTIKEL, LEICHT WIE BALSAHOLZ, METALLARTIGE SUBSTANZEN, NUR NICHT ZERREISSBAR UND FEDERLEICHT." (Bill Brazel) ?

Tatsächlich ist es lt. General SCHULGEN

"DIE MEINUNG EINIGER ELEMENTE, DASS DIE OBJEKTE IN DER TAT INTERPLANETARE RAUMSCHIFFE SIND..."

the object sighted is being assumed to be a manned craft of unknown origin. While there remains the possibility of Russian manufacture, based on the perspective thinking and actual accomplishments of the Germans, it is the considered opinion of some elements that the object may in fact represent an interplanetary craft of some kind.

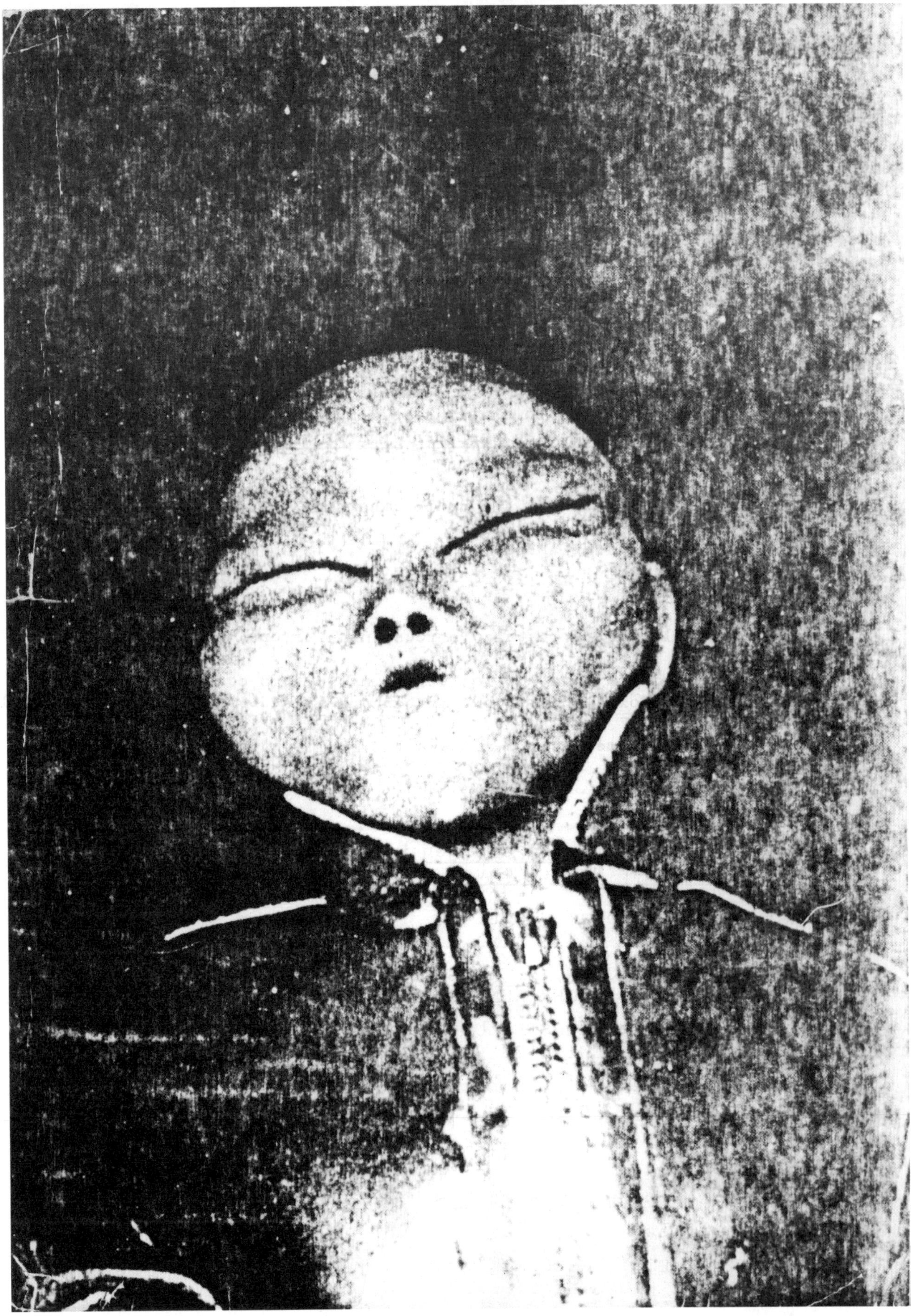

EINER DER VIER AUSSERIRDISCHEN, DIE 1947 NACH DEM UFO-ABSTURZ BEI ROSWELL GEBORGEN WURDEN. DEUTLICH ERKENNT MAN HIER DIE GESICHTSZÜGE, WIE SIE AUCH VON EINEM REGIERUNGSMEDIZINER BESCHRIEBEN WURDEN, DER AN DER UNTERSUCHUNG DER LEICHEN BETEILIGT WAR (siehe S.84): "Das Gesicht besteht aus zwei großen, tiefliegenden Augen... ihre Gesichtszüge sind mongoloid... Die Nase ist undeutlich erkennbar und besteht aus zwei Löchern mit einer kleinen Erhebung. Der Mund ist nur ein schmaler Schlitz oder Spalt ohne Lippen, eine Öffnung zu einer kleinen Höhlung. Er scheint nicht die selbe Bedeutung für Kommunikation und Nahrungsaufnahme zu haben wie beim Menschen."

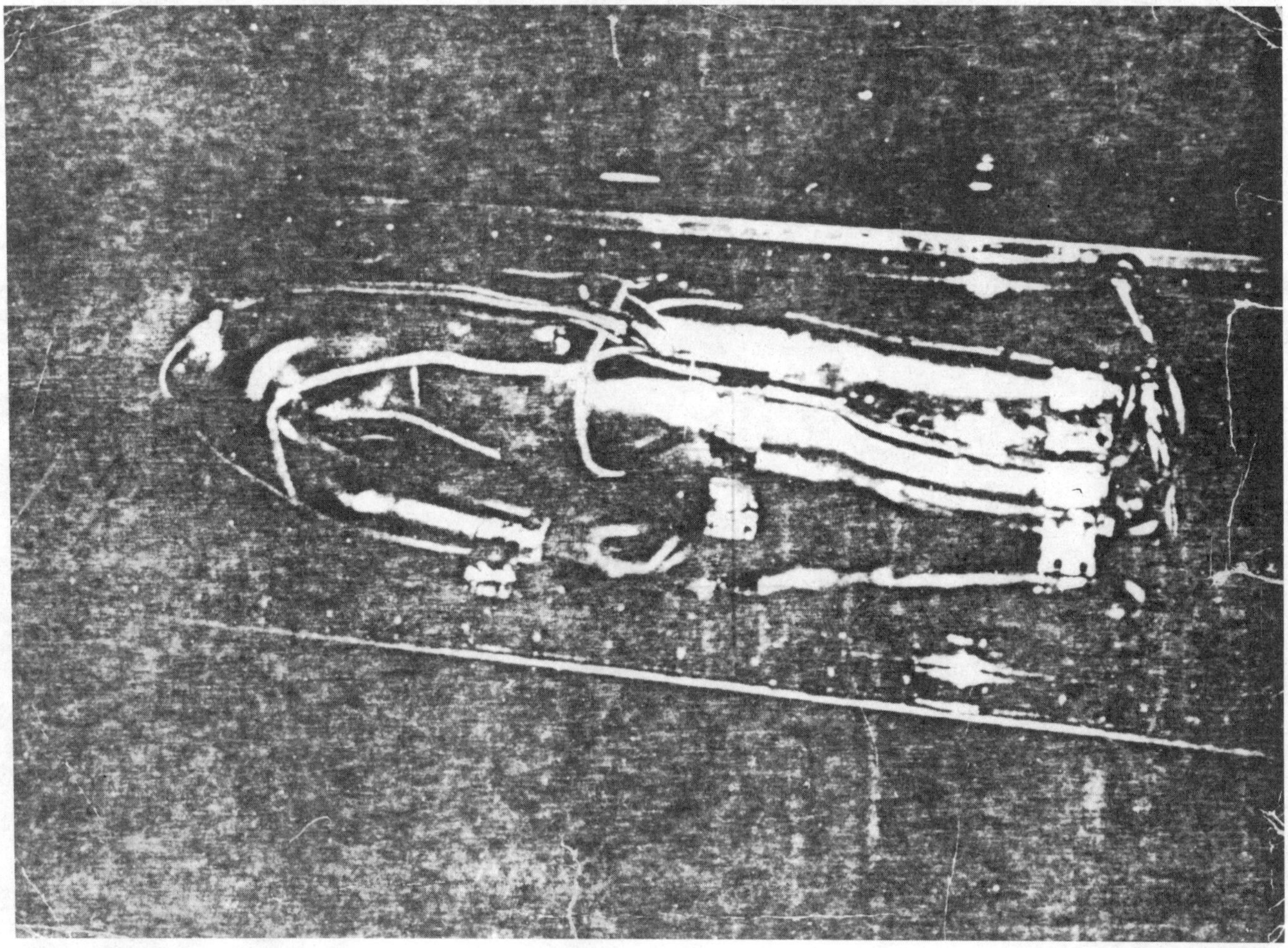

DER AUSSERIRDISCHE IN EINER ART GLASSARG, BEKLEIDET MIT EINEM WARMEDAMMENDEN PLASTIK-SCHUTZANZUG. ARME UND BEINE SIND MIT MANSCHETTEN AN DER UNTERSEITE BEFESTIGT. LEBTE DAS WESEN NOCH?

1947, Roswell, New Mexico: Der fotografische Beweis?

Im Juni 1990 präsentierte Oberst Dr. Marina POPOVICH von der Akademie der Wissenschaften in Moskau, einstmals gefeierte Testpilotin der sowjetischen Luftwaffe und Gattin von Ex-Kosmonaut General Pavel POPOVICH, auf der internationalen UFO-Konferenz "DIALOG MIT DEM UNIVERSUM II" im Deutschen Museum zu München den fotografischen Beweis zum Roswell-Zwischenfall.

Die Originale dieser Bilder hatte Oberst Dr. POPOVICH vor einigen Jahren von Rußlands führendem UFO-Experten, Prof. Felix Yurevich ZIGEL (verstorben 1988) zur Reproduktion überlassen bekommen. ZIGEL war Professor für Kosmologie am Moskauer Institut für Luft- und Raumfahrt und wissenschaftlicher Ausbilder der sowjetischen Kosmonauten. 1967 machte er im Westen zum ersten Mal von sich reden, als ein von ihm verfaßtes Buch zum UFO-Thema in der UdSSR für Aufsehen sorgte und ihn der heftigen Kritik konservativerer Kollegen aussetzte.

1975 erhielt ZIGEL aus Kanada zur vertraulichen Handhabe zu Studienzwecken zwei Fotos, die jene Außerirdischen zeigen, die von den Amerikanern geborgen und untersucht wurden.

Das links abgebildete Foto zeigt einen der vier 1947 nach dem "Roswell-Zwischenfall" nahe Magdalena/New Mexico geborgenen UFO-Insassen (siehe MAJESTIC 12-Bericht auf S. 40-49). Das Wesen steckt in einem Plastiksack mit Reißverschluß, der es zum Abtransport bestmöglich konservieren sollte. Auffallend sind die (geschlossenen) großen Augen, die kleine Nase und der winzige Mund des "EBEs", Charakteristiken, wie sie bereits von Regierungsmedizinern beschrieben wurden, die die Leichen medizinisch untersuchten (siehe Seite 86).

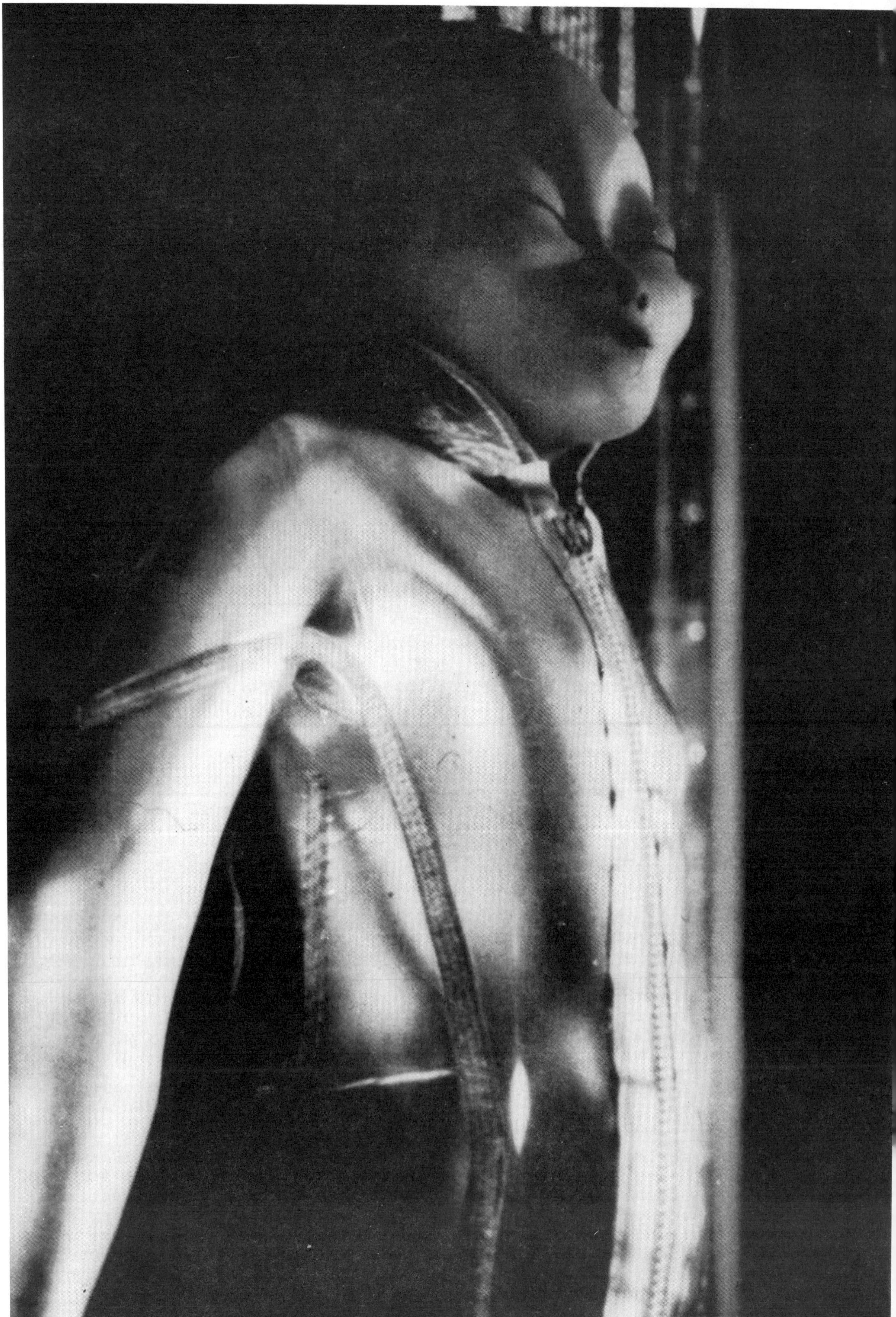

Auf dem zweiten Bild (vorherige Doppelseite) erkennen wir das Wesen -ebenfalls in einer Art Plastikanzug- lang ausgestreckt in einem Glassarg. Eine genaue Untersuchung der Kopfregion läßt wieder die riesigen Augen erkennen.

Während es sich bei den sowjetischen Bildern lediglich um Reproduktionen der vierten Generation handelt, tauchten kurz nach unserer Veröffentlichung dieser Fotografien in Deutschland (u.a. in der BILD-Zeitung) zwei ähnliche Fotos in den USA auf - nur diesmal in Farbe, in sehr viel besserer Qualität. Jim Melesciuc von der UFO-Fachzeitschrift "ORBITER" erhielt sie anonym übersandt, außerdem Anthony Dodd in Großbritannien. Hatten wir ein Signal gesetzt, hat "jemand" in kompetenter Position die ersten Farbfotos eines toten Außerirdischen freigegeben?

Oder zeigen sie eine Wachspuppe, ein Modell? Fest steht: Sollte es ein Modell sein, dann ein sehr kunstvolles. Kein simpler Schwindel, sondern die sorgfältig ausgeführte Nachbildung von etwas Realem zu Studienzwecken. Die Ähnlichkeit mit den Zigel/Popovich-Bildern deutet zumindest darauf hin, daß sie möglicherweise als Vorbild dienten.

DIESE BILDER -IM ORIGINAL IN FARBE, SIEHE UNSERE TITELABBILDUNG- WURDEN DIVERSEN UFO-FORSCHERN IN DEN USA UND ENGLAND IM HERBST 1990 ANONYM ÜBERSANDT; NUR WENIGE WOCHEN NACH UNSERER ERSTMALIGEN VERÖFFENTLICHUNG DER ZIGEL/POPOVICH-FOTOS IN DER DEUTSCHEN PRESSE. DAS WESEN AUF DEN FOTOS ÄHNELT DEM "ROSWELL-EBE" AUF VERBLÜFFENDE WEISE. ENTWEDER HABEN WIR ES HIER MIT PARALLELAUFNAHMEN ZU TUN - ODER SIE ZEIGEN EIN MODELL, DAS ÄUSSERST PRÄZISE NACH DEM VORBILD DES AUSSERIRDISCHEN VON ROSWELL ANGEFERTIGT WURDE. DIE TATSACHE, DASS OBIGE AUFNAHME AUS DREI TEILEN ZUSAMMENGESETZT UND OFFENSICHTLICH IN EINEM RECHT ENGEN RAUM AUFGENOMMEN WURDE, DEUTET ZUMINDEST AUF EIN ZIEMLICH GROSSES WISSENSCHAFTLICHES DEMONSTRATIONSMODELL, WAHRSCHEINLICH IN LEBENDGRÖSSE, HIN. ES WAR ZU GROSS, UM VOM FOTOGRAFEN IN DER TOTALE AUFGENOMMEN ZU WERDEN.

Auf ein Detail beider Serien wies uns unser Freund Prof. Vladimir Terziski, Ex-Mitglied der Bulgarischen Akademie der Wissenschaften und heute -als Dissident- wohnhaft in den USA, hin: Das Wesen ist mit Manschetten an seine Unterlage gekettet: Manschetten an den Handgelenken, an den Oberschenkeln, an den Fußgelenken. Der Plastikanzug könnte auch der Speicherung der Körperwärme des Wesens dienen, für den Fall, daß es die Nahrungsaufnahme verweigert. Das aber würde bedeuten: Das Wesen muß noch gelebt haben (oder zumindest das Vorbild, für den Fall eines Demonstrationsmodells). War es vielleicht "EBE" (siehe Projekt Aquarius-Briefing von 1976, Seite 101 ff.), der einzige überlebende Außerirdische eines UFO-Absturzes Ende 1949, der sich ebenfalls in der Nähe von Roswell, New Mexico, zugetragen haben soll? Kam es vielleicht (deshalb) zu einer Verwechslung mit dem UFO-Absturz bei Magdalena/Roswell 1947? Wir wollen nicht spekulieren. Original oder Modell - diese Aufnahmen beweisen, daß jemand mit Sicherheit mehr weiß...

DER TOTE AUSSERIRDISCHE IM "VÖLLIG AUSGEBRANNTEN" INNEREN DES UFO-WRACKS. DEUTLICH ERKENNT MAN DEN GROSSEN KOPF UND DIE UNGEWÖHNLICH LANGEN ARME. SEIN KÖRPER IST TEILWEISE MIT EINEM VERBRANNTEN, METALLISCHEN MATERIAL BEKLEIDET. DER FOTOGRAFIERTE KÖRPER ENTSPRICHT IN GRÖSSE UND PROPORTIONEN EXAKT DEN AUGENZEUGEN-SCHILDERUNGEN GEBORGENER UFO-INSASSEN.

1950: Fotos eines abgestürzten Außerirdischen

1980 erhielt Dr. William M. McINTYRE von der UFO-Gruppe MARCEN (Sandy Springs, MD) von einem Ex-Marinefotografen, heute wohnhaft in Tennessee, die Negative zweier Fotos, die nach seinen Angaben das außerirdische Wesen zeigen, das am 6. Dezember 1950 nahe Laredo/Texas auf mexikanischem Gebiet abstürzte und aus einem "völlig ausgebrannten" (MJ 12-Bericht) Wrack geborgen wurde.

Der Fotograf war damals auf dem White Sands-Atomwaffentestgelände in New Mexico stationiert gewesen und hatte an der fotografischen Dokumentation der Folgeeffekte der Atombombenexplosionen mitgewirkt.

Zur Dokumentation des UFO-Absturzes war er extra eingeflogen worden.

Beschreibung des Objektes:
"Es war nahezu kreisrund mit einem Durchmesser von etwa 30 Metern und 9 Metern Höhe im Zentrum, 2 Metern Höhe am Rand. Es schien im Zentrum aus fünf Ebenen zu bestehen. Instrumente und Maschinen waren bereits entfernt worden. Es waren keine Hinweise auf ein Antriebssystem zu erkennen."

Beschreibung des Insassen:
"Es gab nur eine Leiche, und die war schwer verbrannt. Der Körper war etwa 1,30 bis 1,40 lang. Sein Kopf war extrem groß für menschliche Verhältnisse, die Augen standen weiter auseinander. Die zwei Beine hatten normale Proportionen. Die Arme waren länger als die von Menschen, die Hände hatten vier klauenartige Finger ohne erkennbare Daumen. Das Wesen war in ein metallisches Material gekleidet, das größtenteils verbrannt war."

Eine Analyse der Negative durch KODAK EASTMAN ergab, daß sie tatsächlich älter als 30 Jahre sein mußten.

Eine Analyse des fotografierten Körpers bestätigte die Angaben des Fotografen. Anhand der auf Bild 2 erkennbaren Vergleichsgegenstände (Schuhe der Umstehenden) läßt sich eine Körpergröße von 1,40 Metern errechnen. Daraus ergeben sich folgende Körperproportionen:

Kopf: 30 cm hoch (Mensch: ca. 25 cm) 21 cm breit (ca. 15)
Arme: 80 cm lang (Mensch: 70 cm)
Beine: 50 cm lang (ca. 80 cm)
Corpus: 60 cm lang (65 cm)

Alternative Deutungen:

VERSUCHSÄFFCHEN? Scheidet aus, da Wesen zu groß (Rhesusäffchen: 60 cm, Schimpansen: 80-90 cm); Kopf viel zu groß für Affen

PILOT? Obwohl ein Draht in Kopfhöhe von UFO-Gegnern als "Pilotenbrille" interpretiert wurde, wäre diese "Brille" zu klein für den Kopf. Ein Vergleich der Körperproportionen (s.o.) und Körpergröße (1,40 Meter!) schließen diese Möglichkeit aus.

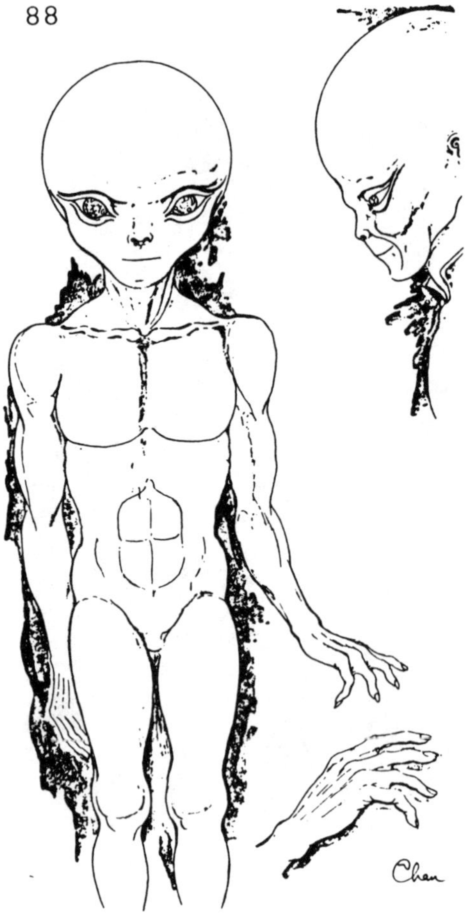

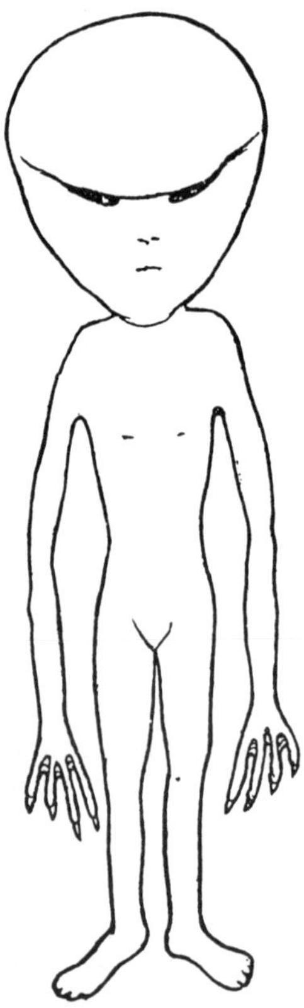

Oben: Originalzeichnung des Mediziners, der die EBE-Leichen untersuchte; ganz oben: Künstlerische Impression nach Augenzeugenberichten.

Ergebnisse der medizinischen Untersuchung der toten UFO-Insassen:

Ein Regierungsmediziner, der Anfang der 50er Jahre an den Untersuchungen der Leichen mehrerer abgestürzter UFO-Insassen auf der Wright Patterson-AFB beteiligt war, teilte STRINGFIELD die folgenden biologischen Charakteristiken der "Extraterrestrischen Biologischen Entitäten" (EBEs) mit:

-Die Größe der außerirdischen Humanoiden liegt bei 1,10 bis 1,40 Meter, in einem Fall bei 1,60. Sie wiegen etwa 20 kg.

-Der Kopf ist im Vergleich zu Torso und Gliedmaßen außergewöhnlich groß.

-Das Gesicht besteht aus zwei großen, tiefliegenden Augen, deren Abstand voneinander größer als beim Menschen ist. Ihre Gesichtszüge sind "mongoloid".

-Einhöhlungen an beiden Seiten des Kopfes sind von kleinen Ohren umgeben.

-Die Nase ist undeutlich erkennbar und besteht aus zwei Löchern mit einer kleinen Erhebung.

-Der Mund ist nur ein schmaler Schlitz oder Spalt ohne Lippen, eine Öffnung zu einer kleinen Höhlung. Er scheint nicht die selbe Bedeutung für Kommunikation und Nahrungsaufnahme zu haben wie beim Menschen.

-Der Hals ist dünn.

-Der Kopf ist meist haarlos, in seltenen Fällen mit dünnem Flaum bedeckt. Der Körper ist unbehaart.

-Der Torso ist schmal und dünn. In den meisten Fällen trugen die Toten einen flexiblen, metallischen Anzug.

-Die Arme sind lang und dünn und reichen bis zu den Knien.

-Ein Typ hat Hände mit vier Fingern ohne Daumen. Zwei Finger scheinen länger als die beiden anderen zu sein. Fingernägel sind nur andeutungsweise vorhanden, zwischen den Fingern ist meist eine dünne Haut.

-Die Beine sind lang und dünn, die Füße eines Typs haben keine Zehen.

-Ihre Hautfarbe ist beige, gräulich oder bräunlich. Ihre Haut ist leicht schuppig und elastisch. Unter dem Mikroskop erscheint ihre Struktur netzartig. Sie haben oft keine erkennbare Muskulatur, keine Schweißdrüsen, keinen Körpergeruch.

-Sie haben keine Zähne.

-Keine erkennbaren Fortpflanzungsorgane/Genitalien.

-Im Körper eine farblose Flüssigkeit ohne rote Zellen, Lymphozyten oder Sauerstoffaufnahme. Im Körper konnten bei der Autopsie keine Spuren einer Nahrungsaufnahme und keine Verdauungsorgane gefunden werden. An Bord der Wracks fand man keinerlei Nahrungsmittel.

1983: Das Ding im Kaukasus

Am 6. März 1983 ortet die sowjetische Luftraumüberwachung im Kaukasus ein tieffliegendes Objekt unbekannter Herkunft. Eine bodenstationierte Rakete wird abgefeuert, trifft das Objekt, beschädigt es, zerstört es aber nicht. Torkelnd fliegt es weiter, verliert an Höhe, verschwindet vom Radarschirm...

Im Mai 1983 durchstreift ein Pilzsammler-Ehepaar die Stolovaia-Berge oberhalb der Kaukasus-Stadt Ordzhonikidze (Kabardino-Balkarskaia-Region), entdecken es: Ein Objekt, ca. 8 Meter hoch und ebenso breit, zur Hälfte aus Glas, zur anderen aus Metall, auf vier teleskopischen Landebeinen stehend, zwei Rampen ausgefahren. Auf der Unterseite hat es einen Kranz schwerer Düsen, je vier kreuzförmig angeordnete kleinere Düsen an den vier Seiten der zeltförmigen, kristallenen Kuppel. Daneben ein geheimnisvolles Symbol: Einen auf dem Rücken liegenden Halbmond, in dessen Zentrum sich vier Strahlen treffen.

Das Ehepaar holt seine einfache Kamera, schießt einige Fotos. Zögernd klettert der Mann auf die Rampe, vor eine riesige Schiebetür. Er blickt in das Innere des fremdartigen Gefährts: Unter der Kuppel, durch die das Tageslicht schimmert, befindet sich ein riesiger Pilotensitz, doppelt so groß wie der eines Menschen, für einen Riesen von 3-4 Metern geschaffen. Daneben eine Art Luftkissengerät.

In der Stadt lassen die beiden ihre Bilder entwickeln, zeigen sie Freunden. Die Geschichte verbreitet sich wie ein Lauffeuer. Das örtliche Militär erfährt davon, riegelt die Fundstelle ab. Es dauert zwei Tage, bis Transporter das unzugängliche Bergplateau bezwingen, das Objekt aufgeladen, abtransportiert wird: Erst auf eine nahegelegene Basis, dann in eine geheime Militäranlage bei Mytishi, südöstlich von Moskau.

Die Untersuchung der Bordmechanismen ergab, daß der Pilot offenbar durch eine Art Schleudersitz bereits vor der Bruchlandung aus dem Schiff katapultiert wurde. Trotzdem funktionierte es bis zur Landung programmgemäß, fuhr seine Landebeine und Rampen aus. Nach Ansicht der Russen ist es kein Flugobjekt für interplanetare Reisen, sondern ein Expeditionsschiff speziell für Untersuchungen in den Bergen.

Es wies zwei Antriebsmechanismen auf. Für den Start und die Feinsteuerung hatte es simple Steuerdüsen, nachdem es eine Flughöhe von ca. 20-30 Metern erreicht hatte, schaltete es auf Antigravitationsantrieb um.

Erst nach der Bergung bemerkten die Wissenschaftler der sowjetischen Luftwaffe, daß der Raumschiff-Antrieb offenbar noch in Betrieb war, daß das Objekt strahlte. Als Antriebsquelle identifizierten sie "Neutrino-Strahlen". Für Menschen, so fanden sie heraus, ist es gefährlich, sich länger als eine Stunde im Umfeld des Schiffes aufzuhalten.

Der Pilzesammler und seine Frau sind vor zwei Jahren verstorben - an Krebs, wahrscheinlich infolge der erhöhten Strahlenbelastung. Das selbe Schicksal erlitten Mitglieder des Bergungsteams, andere sind derzeit in sowjetischen Kliniken in Behandlung.

Valerii UVAROV von der Kommission zur Untersuchung Anomaler Atmosphärischer Phänomene der Akademie der Wissenschaften:

"ES IST DEFINITIV EIN AUSSERIRDISCHES FLUGOBJEKT. DIE ÄHNLICHKEIT MIT DER MONDFÄHRE DER AMERIKANER KANN FÜR MICH NUR BEDEUTEN, DASS DIE USA EIN ÄHNLICHES OBJEKT GEBORGEN UND NACHGEBAUT HAT - ODER DAS WISSEN AUF IRGENDEINE ANDERE ART UND WEISE ERHIELT."

Links: Drei der insgesamt sieben Fotos, die das Pilzsammler-Ehepaar von dem "Kaukasus-Objekt" schoß; unten: Querschnitt durch das UFO.

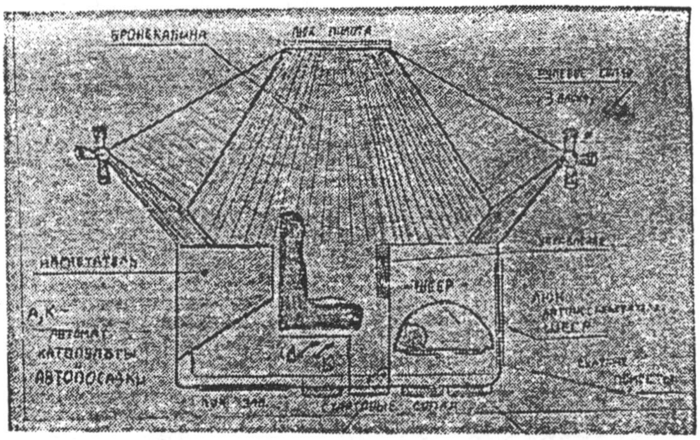

Чертеж радиозонда, предназначенного для исследовательских работ в горах.

ANDERE DEUTUNGSMÖGLICHKEITEN:

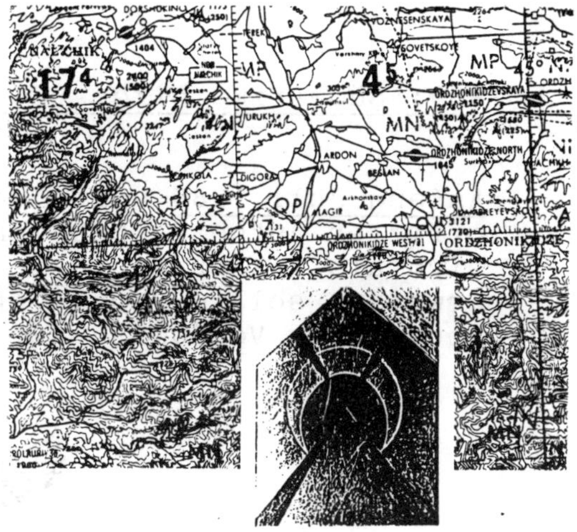

Ein sowjetisches Experimental-Raumgefährt?
- hätte nie zwei Monatelang für jeden zugänglich in den Bergen gestanden.

Eine Filmkulisse?
- wer dreht einen Film in dieser unzugänglichen Gegend, auf einem Bergplateau, zu dem keine Straßen führen?

Rechts: Die Karte von Kaukasien zeigt, wo das UFO abstürzte. Im Ausschnitt das geheimnisvolle Zeichen, das auf seiner Seite angebracht war.

1986: Ein UFO explodiert in Dalnegorsk/UdSSR

Mikroskopaufnahme der UFO-Fragmente

Am 29. Januar 1986 kurz vor 20.00 Uhr beobachteten dutzende Augenzeugen in der ostsibirischen Ortschaft Dalnegorsk nahe Vladivostok ein kugelförmiges Flugobjekt, scheinbar halb so groß wie der Vollmond, das erst parallel zur Erdoberfläche flog, um dann mit einem Winkel von 60-70 Grad in den 611 Meter hohen "Hügel 611" oder "Izvestkovaya-Berg" im Zentrum der Stadt zu stürzen. Das rötlich leuchtende UFO hatte bei der Kollision eine Geschwindigkeit von 15 Metern in der Sekunde. Den Augenzeugenberichten zufolge soll es mehrfach auf- und abgestiegen sein, bevor es endgültig aufschlug, lautlos explodierte und etwa eine Stunde lang brannte.

Am 3. Februar 1986 traf eine Expedition der Fernöstlichen Abteilung des Untersuchungskomitees für Anomale Atmosphärische Phänomene der Akademie der Wissenschaften unter Leitung von Dr. Valerii Dvuzhilny in Dalnegorsk ein und begann, die Überreste des Absturzes zu sichern.

Die Wissenschaftler fanden zahlreiche Fragmente, darunter Blei- und Eisenkügelchen, Glassplitter, Spuren von Hochtemperaturaktivitäten, magnetische Anomalien, Brandspuren an Gras, Büschen und Bäumen und -der geheimnisvollste Fund- feine, metallische Vernetzungen, geflochten aus dünnsten Metallfäden aus einer Legierung der Metalle Gold, Silber, Nickel, Alpha-Titan, Molybden und Beryllium.

Einer der Wissenschaftler, die den Absturz untersuchten, der Chemiker Dr. V. VYSOTKY von der Universität Vladivostok, erklärte zum Abschluß seines mehrseitigen Untersuchungsberichtes:

"DIESE FEINEN METALLISCHEN GEWEBE SIND ZWEIFELLOS DAS WERK EINER HOHEN TECHNOLOGIE. EIN NATÜRLICHER ODER IRDISCH-TECHNISCHER URSPRUNG IST AUSGESCHLOSSEN."

Einige dieser Fäden, so erklärte Dr. VYSOTKY, sind nur 17 Mikron dünn und sogar verwoben mit noch feineren Material - eine Leistung, zu der die irdische Technik noch nicht in der Lage ist.

1989: Südafrika birgt UFO - und zwei lebende Insassen

Anfang Juli 1989 wurde dem britischen UFO-Forscher und Ex-Polizeioffizier Anthony DODD ein 6-seitiger Geheimbericht zugesandt, der sich als das brisanteste Glied in der Kette unserer UFO-Beweise erweisen sollte. Wenig später kam DODD in Kontakt mit zwei Augenzeugen des Vorfalls, zwei Captains des Luftwaffen-Geheimdienstes,

SOUTH AFRICAN

AIR FORCE

THIS FILE HAS BEEN CLASSIFIED BY D.A.F.I.
INFORMATION NOT TO BE DIVULGED - TOP SECRET

Diese Akte wurde vom Büro des Luftwaffengeheimdienstes (Department of Air Force Intelligence -DAFI-) klassifiziert.
Information nicht weitergeben
- Streng Geheim -

und erhielt weitergehende Informationen. Umfangreiche Recherchen in drei Ländern bestätigten den Vorfall. Gerüchten aus Geheimdienstkreisen zufolge soll Südafrika von den USA neueste Atomwaffentechnologie im Austausch gegen das UFO-Wrack mitsamt seiner Insassen erhalten haben.

Tatsächlich handelt es sich bei dem "Kalahari-Zwischenfall" um den bislang bestdokumentierten UFO-Absturz/Bergungs-Fall. Er bestätigt und ergänzt unsere in der 2. Auflage dieses Buches zusammengetragenen Informationen zu den UFO-Abstürzen in den USA 1947-1953, die Sie auf den Seiten 37-49 und 74-84 dieser Auflage finden.

DD 2702

SOUTH AFRICAN AIR FORCE

CLASSIFIED TOP SECRET - DO NOT DIVULGE

DEPARTMENT OF SPECIAL INVESTIGATIONS AND RESEARCH (DSIR)

DEPARTMENT OF AIR FORCE INTELLIGENCE (DAFI)

DATE:	7 May 1989
SUBJECT:	Unidentified Flying Object
CODE NAME:	SILVER DIAMOND
FILE NUMBER:	2346-A2-1C
DESTINATION:	Valhalla AFB - Pretoria
DESIGNATED CHANNEL:	RED/TOP SECRET
RESTRICTED ACCESS:	Illuminated Nine
PRIORITY CODE:	D4
SPECTRUM LOT:	Blue

DEFENCE COMPUTER PASS CODE - PROCEED WITH CAUTION

CONTENTS: Case History
Craft Specifications
Humanoid Specifications
Conclusion

CASE HISTORY

At 13H45 GMT on 7 May 1989 the naval frigate "SA Tafelberg" radioed Cape Town naval headquarters to report an unidentified flying object that appeared on radar scopes, heading towards the African continent in a north westerly direction at a calculated speed of 5746 nautical miles per hour. Naval headquarters acknowledged and confirmed that object was also tracked by air-borne radar, military ground radar installations and D.F. Malan international airport at Cape Town.

The object entered South African air space at 13H52 GMT. Radio contact was attempted with object, but all communications to object proved futile. Valhalla air force base was notified and two armed Mirage FIIG fighters were scrambled. The object suddenly changed course at great speed which would be impossible for military aircraft to duplicate.

At 13H59 GMT squadron leader Goosen reported that they had radar and visual confirmation of the object. The order was given to arm and fire the experimental aircraft mounted thor 2 laser canon at object. This was done.

Squadron leader Goosen reported that several blinding flashes eminated from the object. The object started wavering whilst still heading in a northerly direction. At 14H02 it was reported that the object was decreasing altitude at a rate of 3000 feet per minute. Then at great speed it dived at an angle of 25 degrees and impacted in desert terrain 80km north of South African border with Botswana, identified as the Central Kalahari Desert. Squadron leader Goosen was instructed to circle the area until a retreival of the object was complete. A team of airforce intelligence officers, together with medical and technical staff were promptly taken to area of impact for investigation and retreival.

The findings were as follows:

1) A crater of 150 metres in diameter and 12 metres in depth.

2) A silver coloured disc shaped object 45 degrees embedded in side of crater.

3) Around object sand and rocks were fused together by the intense heat.

4) An intense magnetic and radioactive environment around object resulted in electronic failure in air force equipment.

5) It was suggested by team leader that object be moved to a classified air force base for further investigation and this was done.

The terrain of impact was filled with sand and rubble to disguise all evidence of this event having ever taken place.

CLASSIFIED TOP SECRET - DO NOT DIVULGE

CRAFT SPECIFICATIONS

The following are specifications as indicated by preliminary investigation at classified air force base.

TYPE OF CRAFT:	Unknown - suspected extraterrestrial
ORIGIN:	Unknown - suspected extraterrestrial
IDENTIFIABLE MARKINGS:	None - curious insignia forged into metal on side of craft
DIMENSIONS:	Length - 20 yards approximately Height - 9.5 yards approximately Weight - 50,000 kilograms estimated
MATERIAL OF CONSTRUCTION:	Unknown - pending further laboratory results. Outer surface of object flawless polished, smooth silver colour. No visible seams noted inside or on outer surface of craft. Perimeter showed 12 unevenly spaced, flush with outer surface oval shaped portholes.
SOURCE OF PROPULSION:	Unknown - pending laboratory results.

NOTES:

a) A hydraulic type landing gear was fully deployed suggesting that electronic malfunction caused object to crash. This may have been due also to Thor 2 laser canon being fired at craft.

b). While the investigating team observed the object at classified AFB, a loud sound was heard. It was then noted that a hatch or entrance on lower side of craft had opened slightly. This opening was later prized open with heavy mechanical gear.

c) Two humanoid entities clothed in tight fitting grey suits emerged and was promptly taken to make shift medical centre, level 6 of classified AFB.

d) Various objects inside craft were taken for analysis and we are still pending results of these findings.

e) The craft has been placed in a sterile environment.

MEDICAL REPORT ON HUMANOID ENTITIES

ORIGIN:	Unknown - suspected extraterrestrial	
HEIGHT:	4-4.5 ft	
COMPLEXION:	Greyish-blue - skin texture smooth, extremely resilient	
HAIR:	Totally devoid of any bodily hair	
HEAD:	Oversize in relation to human proportions. Raised cranium area with dark blue markings extended around head	
FACE:	Prominent cheek bones	
EYES:	Large and slanted upwards towards side of face. No pupils seen.	
NOSE:	Small consisting of two nostrils	
MOUTH:	Small slit devoid of lips	
JAW:	Wide in relation to human proportions	
EARS:	None observed	
NECK:	Very thin in relation to human proportions	
BODY:	ARMS:	Long and thin reaching just above knees
	HANDS:	Consisting of 3 digits, webbed, claw like nails
	TORSO:	Chest and abdomen covered in scaley ribbed skin
	HIPS:	Small, narrow
	LEGS:	Short and thin
	GENITALS:	No exterior sexual organs
	FEET:	Consisting of 3 toes, no nails and webbed

NOTES:

Due to aggresive nature of the humanoids, no samples of blood or tissue could be taken. When offered various foods, they refused to eat.

Method of communication is not known and suspect telepathic.

Humanoids are kept in detention at classified AFB awaiting further results of investigations.

One way passage has been requested for both humanoids to Wright Patterson Air Force Base, USA for more advanced investigation and research.

CONCLUSION:

A) No conclusion has been reached as yet. Awaiting results of investigations.

B) The object and humanoids will be moved to Wright Patterson AFB for more advanced investigation and research.

C) Date of passage - 23 June 1989.

NOTES:

Conclusion remains open ended.

This file contains initial findings of preliminary report and further details are expected after completion of investigations in South Africa and Wright Patterson AFB/USA.

END OF PRELIMINARY BRIEFING NOTES: PAGE 1-5

DATUM: 7. Mai 1989
THEMA: Unidentifiziertes Flugobjekt
CODENAME: SILBERNER DIAMANT
AKTENNUMMER: 2346-A2-1C
BESTIMMUNG: Valhalla Luftwaffenbasis, Pretoria
KLASSIFIZIERUNG: ROT/STRENG GEHEIM
BESCHRÄNKTER ZUGANG: Illuminated Nine

FALLGESCHICHTE

Um 13.45 Uhr GMT am 7. Mai 1989 meldete die Marinefregatte "SA Tafelberg" dem Marinehauptquartier in Kapstadt ein unidentifiziertes Flugobjekt, das auf Radar geortet worden war und sich in nordwestlicher Richtung in einer kalkulierten Geschwindigkeit von 10421 km/h dem afrikanischen Kontinent näherte. Das Marine-Hauptquartier registrierte die Meldung und bestätigte, daß das Objekt ebenso durch Luftradar, militärische Bodenradarstationen und den D.F. Malan-Internationalen Flughafen in Kapstadt geortet wurde.

Das Objekt trat um 13.52 Uhr GMT in den Südafrikanischen Luftraum ein. Es wurde versucht, Funkkontakt aufzunehmen, aber alle Kommunikationsversuche erwiesen sich als vergeblich. Die Valhalla Luftwaffenbasis wurde informiert und zwei bewaffnete Mirage FIIG-Kampfflieger gestartet. Das Objekt veränderte plötzlich seinen Kurs mit einer Geschwindigkeit, die für jedes Kampfflugzeug unmöglich zu erreichen wäre.

Um 13.59 Uhr GMT meldete Schwadronführer Goosen, daß sie das Objekt auf Radar und visuell geortet hätten. Es wurde Befehl erteilt, mit der experimentellen, flugzeuggetragenen Thor 2-Laserkanone auf das Objekt zu feuern. Der Befehl wurde ausgeführt.

Schwadronführer Goosen berichtete, daß helle Lichtblitze von dem Objekt ausgingen. Das Objekt begann zu schlingern, während es noch immer seinen Nord-Kurs beibehielt. Um 14.02 Uhr wurde gemeldet, daß das Objekt um 1000 Meter/Minute an Höhe verlor. Dann stürzte es mit großer Geschwindigkeit in einem 25-Grad-Winkel auf die Erde und schlug in einem Wüstengebiet 80 km nördlich der südafrikanischen Grenze zu Botswana ein, in der zentralen Kalahari-Wüste. Schwadronführer Goosen erhielt Anweisung, das Gebiet zu umkreisen, bevor eine Bergung des Objektes durchgeführt werden konnte. Eine Gruppe Luftwaffen-Nachrichtendienstoffiziere wurde zusammen mit medizinischem und technischem Personal sofort zur Absturzstelle gebracht, um die Untersuchungen und Bergungsarbeiten durchzuführen.

Dabei entdeckte man:

1) Einen Krater von 150 Meter Durchmesser und 12 Meter Tiefe.

2) Ein silbernes, scheibenförmiges Objekt, das in einem Winkel von 45 Grad in einer Seite des Kraters steckte.

3) Um das Objekt herum waren Sand und Felsen durch eine intensive Hitze zusammengeschmolzen.

4) Ein intensives magnetisches und radioaktives Feld um das Objekt führte zum Ausfall von Luftwaffenausrüstungen.

5) Der Leiter des Bergungsteams veranlaßte, daß das Objekt zu weiteren Untersuchungen in die Sicherheitszone einer Luftwaffenbasis gebracht wurde.

Das Aufschlaggebiet wurde mit Sand und Geröll zugedeckt, um jede Spur zu verwischen, die darauf hindeuten könnte, daß dieser Vorfall sich je zugetragen hat.

Die folgenden Spezifizierungen sind das Ergebnis der ersten Untersuchungen auf der Luftwaffenbasis.

BESCHREIBUNG DES OBJEKTES

FLUGZEUGTYP:	Unbekannt - vermutlich außerirdisch.
URSPRUNG:	Unbekannt - vermutlich außerirdisch.
IDENTIFIZIERBARE HOHEITSZEICHEN:	Keine - Seltsames Zeichen in das Metall der Objektseite eingearbeitet.
FORMAT:	Länge: ca. 20 Meter Höhe: ca. 9.5 Meter Gewicht: ca. 50.000 kg.
HERSTELLUNGSMATERIAL:	Unbekannt. Erwarten Laborergebnisse. Außenfläche des Objektes ist makellos, poliert, silbern. Keine erkennbaren Fugen im Innern oder auf der Außenoberfläche des Fahrzeuges. Von außen sind 12 ovale Luken in die Objektoberfläche eingebettet.
ANTRIEBSWEISE:	Unbekannt. Erwarten Laborergebnisse.

BEMERKUNGEN:

Eine Art hydraulische Landevorrichtung war vollständig ausgefahren, was darauf hindeutet, daß eine elektronische Fehlfunktion zum Absturz des Objektes führte. Das kann seine Ursache darin haben, daß die Thor 2-Laserkanone auf das Schiff gefeuert wurde.

Während das Untersuchungsteam das Objekt auf der Luftwaffenbasis beobachtete, wurde ein lautes Geräusch wahrgenommen. Dann bemerkte man, wie sich langsam eine Luke oder ein Eingang auf der Unterseite des Objektes öffnete. Diese Öffnung wurde später mit Hilfe hydraulischer Druckpumpen erweitert.

a) Zwei humanoide Wesen in enganliegenden grauen Overalls traten heraus und wurden sofort in eine behelfsmäßig eingerichtete Krankenstation gebracht.

b) Verschiedene Gegenstände aus dem Innern des Schiffes wurden zu Analysezwecken entfernt. Die Ergebnisse werden erwartet.

c) Das Schiff wurde in eine sterile Umgebung gebracht.

MEDIZINISCHER BERICHT ÜBER DIE HUMANOIDEN WESEN

URSPRUNG:	Unbekannt - vermutlich außerirdisch
GRÖSSE:	1,25 - 1,35 m
AUSSEHEN:	Gräulich-blau - weiche Hautstruktur, extrem elastisch.
HAARE:	Keinerlei Körperbehaarung.
KOPF:	Extrem groß im Vergleich zu menschlichen Proportionen. Erhöhte Schädeldecke mit dunkelblauen Flecken rund um den Kopf.
GESICHT:	Auffällige Wangenknochen.
AUGEN:	Groß und nach oben hin zur Gesichtsseite geschlitzt. Keine Pupillen.
NASE:	Klein, besteht aus zwei Nasenlöchern.
MUND:	Kleiner Schlitz ohne Lippen.
UNTERKIEFER:	Klein, verglichen mit menschlichen Proportionen.
OHREN:	Nicht erkennbar.
HALS:	Sehr dünn, verglichen mit menschl. Proportionen
KÖRPER/ARME:	Lang und dünn, bis über die Knie reichend.
TORSO:	Brust und Bauch mit schuppiger, rippiger Haut bedeckt.
HÜFTEN:	Schmal.
BEINE:	Kurz und dünn.
GENITALIEN:	Keine äußerlichen Sexualorgane.
FÜSSE:	Drei Zehen, keine Nägel, Schwimmhäute.
HÄNDE:	Bestehen aus drei Fingern, mit Schwimmhäuten, klauenartigen Nägeln.

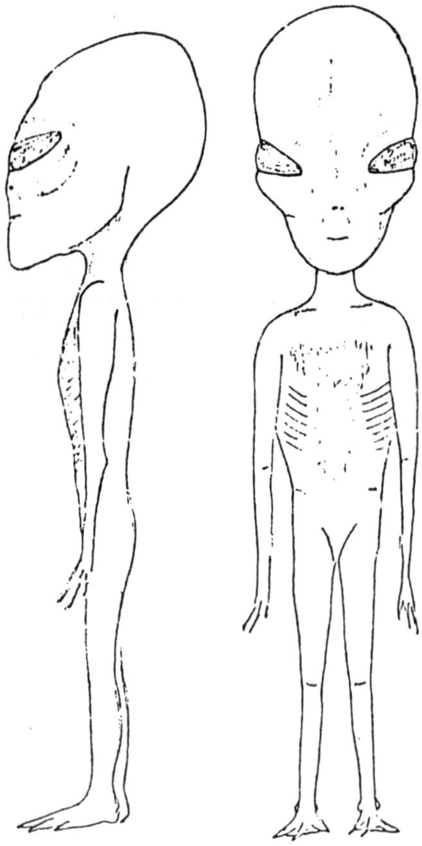

So zeichnete ein an der Bergung beteiligter Captain des S.A.-Luftwaffengeheimdienstes die Außerirdischen (oben) und das Raumschiff (unten).

ANMERKUNGEN:

Aufgrund der aggressiven Natur der Humanoiden konnten keine Blut- oder Hautproben entnommen werden. (Ein Humanoide griff einen Arzt an und verursachte tiefe Kratzwunden an Gesicht und Hals). Als ihnen verschiedene Arten Nahrung angeboten wurden, verweigerten sie das Essen.

Kommunikationsweise unbekannt - wahrscheinlich telepathisch.

Humanoide befinden sich derzeit in Verwahrungsarrest auf Ebene 6 der Luftwaffenbasis

Um Überführung der beiden Humanoiden zum Zwecke weiterer Untersuchungen auf die Wright Patterson Luftwaffenbasis in den USA wurde gebeten.

SCHLUSSFOLGERUNG:

A) Es konnte noch zu keiner Schlußfolgerung gekommen werden. Die Ergebnisse der weiteren Untersuchungen werden abgewartet.

B) Das Objekt und die Humanoiden werden zum Zwecke weiterer Untersuchungen auf die Wright Patterson AFB überführt.

C) Transporttermin - 23. Juni 1989.

BEMERKUNGEN: Die Schlußfolgerungen stehen noch offen.

Diese Akte beinhaltet die ersten Ergebnisse des vorläufigen Untersuchungsberichtes, weitere Details werden nach Beendigung der Untersuchungen in Südafrika und auf der Wright Patterson-Luftwaffenbasis, USA, erwartet."

****

Eine Anfrage bei der amerikanischen Luftraumüberwachung NORAD durch Anthony DODD und Dr. HENRY bestätigte, daß tatsächlich am 7. Mai 1989 ein unidentifiziertes Flugobjekt mit Kurs auf Südafrika geortet wurde. DODD/HENRYs Recherchen und Kontakte zu südafrikanischen, amerikanischen und israelischen Geheimdienstlern und auch unsere Recherchen lassen keinen Zweifel an der Echtheit des oben zitierten Dokumentes.

Tatsächlich kamen wir durch den Kalahari-Zwischenfall in den Besitz von einem so umfangreichen Beweis- und Tatsachenmaterial wie bei keinem anderen Absturz/Bergungsfall.

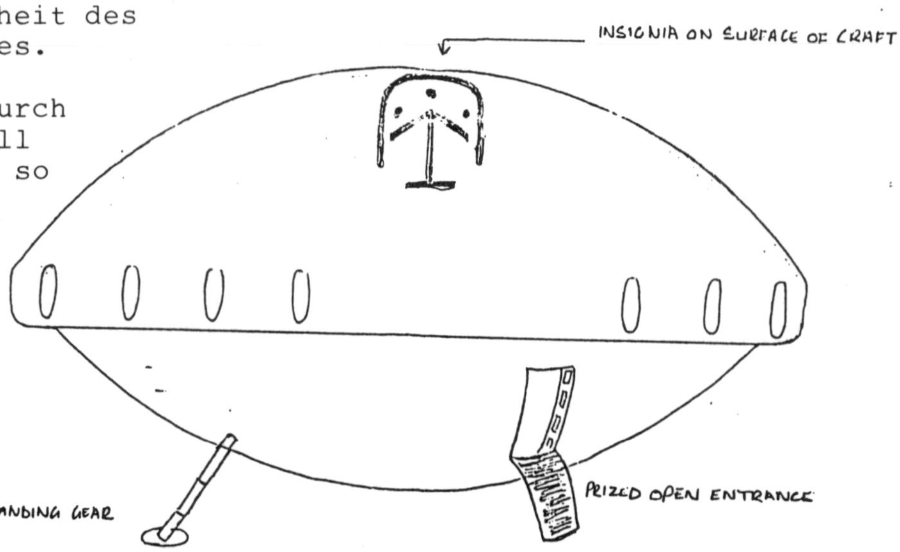

Rechts: Das geborgene Objekt, gezeichnet von einem Captain der Bergungsmannschaft.

Am 9. Oktober 1989 richtete der britische Rechtsanwalt Harry HARRIS eine vertrauliche Anfrage an das Wright Patterson-Luftwaffenzentrum in Dayton, Ohio/USA, angeblich Zwischenstation des UFO-Wracks. Eine Woche später traf bei ihm die Antwort ein - eine verblüffende Bestätigung:

HQ Air Force [redacted] Command
International [redacted] Center
[redacted] Division
Wright-Patterson AFB 45433-[redacted]

FAX 513-[redacted]

[redacted] OCT 1989

UFO Incident over Kalahari Desert on 7 May 1989

Harry Harris (Solicitor)
[redacted], Greater Manchester
M33 5DL

1. In reply to your 9 October 1989 letter, fax to this command that date. Regretfully, we were unable to route your correspondence to [redacted], due to the lack of a complete address. There are approximately 30,000 employees at Wright-Patterson AFB and ten of those are [redacted] Without an office or organizational symbol it is impossible to ensure proper routing.

2. However, the military mail/message handlers did take note of the subject matter and routed your letter to the [redacted] Division. We here in the division pride ourselves on keeping close tabs on the pulse of the Dark Continent and are fully aware of the events which took place over the Kalahari on 7 May last. Alas, as you are probably aware we are not at liberty to divulge the alert status of US Forces.

3. Our contacts do advise however that the object in question was not brought down by any [redacted] South African forces. But crashed due to 'advanced composites fatigue'. No life forms were found at the site. The current location of the object cannot at this time be determined.

4. I am afraid that this report falls far short of your expectations. [redacted] Thank you for your interest and keep us in mind for any future queries you may have.

[redacted]

"...Wir hier in der Division sind stolz darauf, unseren Finger auf dem Puls des schwarzen Kontinentes haben und sind uns voll der Ereignisse bewußt, die am letzten 7. Mai über der Kalahari stattgefunden haben. Aber, wie Sie bestimmt wissen, haben wir nicht die Freiheit, Ihnen die Alarmstufe mitzuteilen, die die Vorgänge bei den US-Streitkräften ausgelöst haben.

Allerdings sind unsere Kontakte der Ansicht, daß das fragliche Objekt nicht durch die Südafrikanischen Streitkräfte abgeschossen wurde, sondern aufgrund eines Schadens im Antriebssystem abstürzte. Am Absturzort selbst wurden keine Lebensformen entdeckt. Wir können nicht sagen, wo sich das Objekt derzeit befindet."

Die "Hieroglyphen" der Außerirdischen

Nach Aussagen von Zeugen der UFO-Bergung in der Kalahari wurde das südafrikanische Untersuchungsteam unterstützt durch eine extra eingeflogene amerikanische Expertengruppe.

Sie händigte der kryptologischen Abteilung der Valhalla AFB u.a. einen Übersetzungsschlüssel zur Deutung der an Bord gefundenen "Hieroglyphen" aus. (Handschriftliche Kopie rechts)

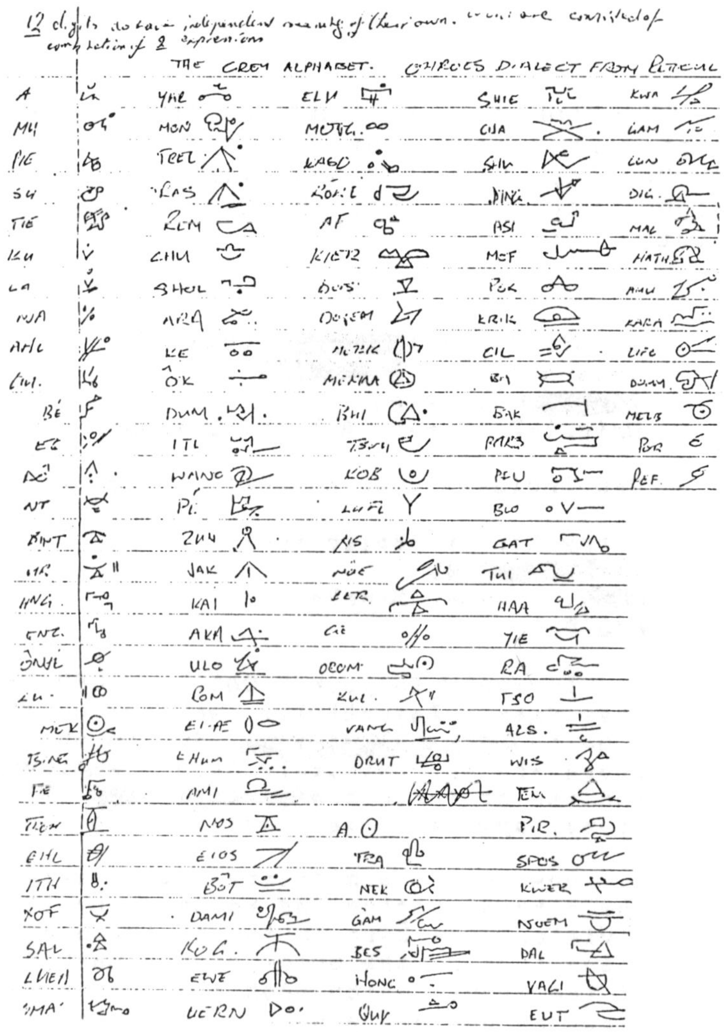

Demnach haben 12 der 132 Symbole eine unabhängige Bedeutung. In allen anderen Fällen bestehen die Worte aus der Zusammensetzung zweier Symbole. Schrift und Sprache haben den Namen "Ochroes".

Tatsächlich gleichen die Symbole jenen, die 1949 an Bord der in Aztek/New Mexico abgestürzten Scheibe gefunden wurden. Eine Probe dieser Schrift wurde damals an die Linguisten Dr. William F. Friedman und Lambros P. Callihamos zur weiteren Analyse gegeben.

THE ABOVE SCRIPT IS VERY SIMILAR TO THAT FOUND IN THE AZTEC FLYING SAUCER AND WAS SUBSEQUENTLY TURNED OVER TO DR. WILLIAM F. FRIEDMAN AND LAMBROS P. CALLIHAMOS FOR STUDY AND INTERPRETATION.

Das Symbol, das auf der Raumschiff-Oberfläche zu sehen war, hat ebenfalls seine Parallele. Am 24. April 1964 entdeckte der US-Polizist Deputy Marshal Lonnie ZAMORA auf Streife nahe Socorro/New Mexico ein gelandetes UFO - mit eben diesem in roter Farbe leuchtenden Symbol auf dem Rücken. ZAMORA sah noch zwei "kleine, schmale Wesen", die in das Raumschiff einstiegen, bevor es startete. Das UFO hinterließ vier kreisförmige Eindrücke im Boden, die von seinen Landebeinen stammten. Die US-Luftwaffe untersuchte und bestätigte den Vorfall.

Grafik: Lonnie ZAMORA

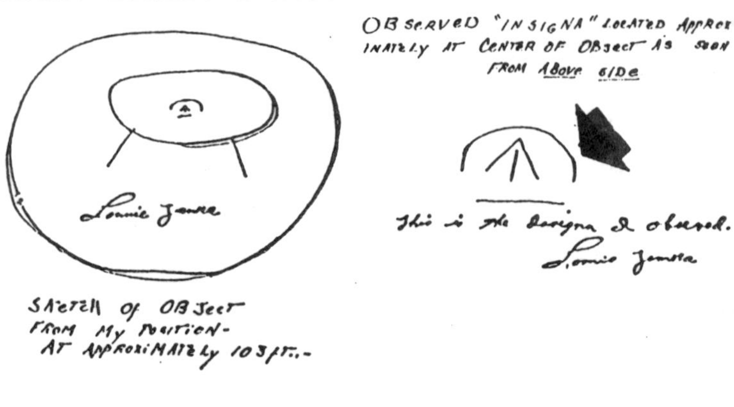

PROJECT AQUARIUS:

U.S.-Regierungsbeamte in Kontakt mit Außerirdischen

Wie ging es weiter mit der OPERATION MAJESTIC 12? Die Geschichte des geheimsten Regierungsprojektes der Vereinigten Staaten entnehmen wir einem Geheimbericht an US-Präsident Jimmy CARTER aus dem Jahre 1976, verfaßt von MJ 12. Das Dokument wurde dem UFO-Forscher William L. MOORE 1985 von einem US-Regierungsbeamten vorgelegt und von MOORE abfotografiert (daher die schlechte Repro-Qualität):

"REGIERUNGSKORRESPONDENZ

BRIEFING FÜR DEN PRÄSIDENTEN

THEMA:

PROJECT AQUARIUS (STRENG GEHEIM)

ACHTUNG:
DIESES DOKUMENT WURDE VON MJ12 ZUSAMMENGESTELLT. MJ12 IST ALLEINIG FÜR SEINEN INHALT VERANTWORTLICH.

COMMENT CONTROL ECN 100015
KLASSIFIZIERT VON MJ12-EO/340
FREIGABE AUSGENOMMEN CAP

KLASSIFIKATIONS- UND FREIGABE-ANWEISUNGEN

(TS/ORCON) Die Informationen in diesem Dokument sind als Streng Geheim mit ORCON klassifiziert. Nur ihr Urheber kann die Informationen freigeben. Nur MJ12 hat Zugang zu Project Aquarius. Keine andere Regierungsstelle einschließlich des Militärs hat Zugang zu den Informationen in diesem Kurzbericht. Es gibt nur zwei Kopien davon, ihr Aufbewahrungsort ist nur MJ12 bekannt. Dieses Dokument wird nach der Einweisung zerstört. Keine Kopien, Fotos oder Tonbandaufzeichnungen sind erlaubt.

EINWEISUNG FÜR DEN PRÄSIDENTEN

(TS/ORCON) Im Juni 1947 beobachtete ein Zivilpilot während eines Fluges über dem Cascaden-Gebirge im Staate Washington neun fliegende Scheiben (später als UFOs bezeichnet). Der Kommandierende General des Lufttechnischen Nachrichtendienstzentrums der damaligen Army Air Force wurde auf den Vorfall aufmerksam und ordnete eine Untersuchung an. Das war der Beginn der UFO-Untersuchungen in den Vereinigten Staaten. 1947 stürzte ein Flugzeug außerirdischer Herkunft in der Wüste von New Mexico ab. Das Objekt wurde vom Militär geborgen. Vier außerirdische (nicht Homo sapiens) Leichen wurden in dem Wrack geborgen. Untersuchungen ergaben, daß die Außerirdischen in keinerlei Beziehung zur menschlichen Rasse standen (Anhang 1). Ende 1949 stürzte in den USA ein weiteres außerirdisches Flugzeug ab und wurde teilweise intakt von den Streitkräften geborgen. Ein Außerirdischer überlebte den Absturz. Der überlebende Fremde war männlich und wurde "EBE" genannt. Das Wesen wurde von Mitarbeitern des militärischen Nachrichtendienstes auf einer Basis in New Mexico gründlichst untersucht. Die Sprache des Außerirdischen wurde durch die Benutzung von Piktogrammen übersetzt. Wir erfuhren, daß der Fremde von einem Planeten im Sternensystem Zeta Reticuli stammt, etwa 40 Lichtjahre von der Erde entfernt. EBE lebte bis zum 18. Juni 1952, als er durch eine unbekannte Krankheit starb. Während EBE lebte, konnte er uns wertvolle Informationen über die Raumfahrttechnologie, den Ursprung des Universums, exobiologische Themen u.a. liefern. Weitere Daten siehe Anhang 2.

(TS/ORCON) Die Bergung außerirdischer Flugzeuge veranlaßte die Vereinigten Staaten zu gründlichen Untersuchungen zur Klärung der Frage, ob die Außerirdischen eine Gefahr für die nationale Sicherheit darstellten. 1947 rief die neugegründete Luftwaffe ein Programm zur Untersuchung von UFO-Vorfällen ins Leben. Das Programm arbeitete unter drei verschiedenen Code-Namen: Grudge, Sign und schließlich Blue Book. Seine ursprüngliche Aufgabe war es, alle verfügbaren Sichtungsberichte zu sammeln und auszuwerten, ob sie

Hinweise beinhalten, die zweckmäßig für die Entwicklung von Raumfahrttechnologie und ein zukünftiges Raumfahrtprogramm sein könnten. 90% der rund 12.000 von der Luftwaffe ausgewerteten Berichte erwiesen sich als Schwindel, erklärbare Luftphänomene oder natürliche astronomische Objekte. Die restlichen 10% wurden als erste Sichtungen außerirdischer Flugkörper angesehen. Da nicht alle UFO-Sichtungen der Luftwaffe gemeldet wurden, wurde 1953 Project GLEEM auf Anweisung von Präsident EISENHOWER ins Leben gerufen, der damals glaubte, daß die UFOs eine Gefahr für die nationale Sicherheit der Vereinigten Staaten darstellten. Project GLEEM, das 1966 in Project AQUARIUS umbenannt wurde, war ein paralleles Meldesystem für UFO-Sichtungen und -Vorfälle. Project AQUARIUS sammelte Fälle, die als echte Sichtungen außerirdischer Flugkörper oder Kontakte mit außerirdischen Lebensformen angesehen wurden, die von zuverlässigen Zeugen gemeldet wurden, und denen ziviles Personal des Verteidigungsministeriums nachging.

(TS/ORCON) 1958 bargen die Vereinigten Staaten ein drittes außerirdisches Flugzeug in der Wüste von Utah. Der Flugkörper war in vorzüglicher Verfassung. Er war offensichtlich von den Außerirdischen dort zurückgelassen worden, da keine außerirdische Lebensform in oder um das Objekt gefunden wurde. Der Flugkörper wurde von Wissenschaftlern der Vereinigten Staaten als technologisches Wunder gepriesen. Dennoch waren seine Antriebs- und Steuerinstrumente so komplex, daß unsere Wissenschaftler sie nicht außer Betrieb setzen konnten. Das Objekt wurde in einen Hochsicherheitskomplex gebracht und über die Jahre hinweg von unseren besten Luftfahrtwissenschaftlern analysiert. Die Vereinigten Staaten gewannen umfangreiche technologische Informationen aus diesem geborgenen außerirdischen Flugzeug. Eine detaillierte Beschreibung und weitere Daten sind in Anhang 3 enthalten.

(TS/ORCON) Zahlreiche unabhängige wissenschaftliche Untersuchungen im Auftrag der Luftwaffe und des CIA wurden im Rahmen von Project BLUE BOOK durchgeführt. MJ12 empfahl offiziell die Einstellung der Luftwaffen-Untersuchungen der UFOs. Diese Entscheidung wurde auf der Zusammenkunft 1966 gefällt (Anhang 4). Der Grund war zweierlei. Zuerst einmal hatten die Vereinigten Staaten erfolgreich eine Kommunikation mit den Außerirdischen hergestellt. Die Vereinigten Staaten fühlten sich relativ sicher, daß die Erforschung der Erde durch die Außerirdischen nicht-feindselig und nicht-aggressiv war. Man war ebenfalls zu der Schlußfolgerung gekommen, daß die Präsenz der Außerirdischen nicht direkt die Sicherheit der Vereinigten Staaten bedrohe. Zweitens fing die Bevölkerung an, zu glauben, daß UFOs real seien. Der Nationale Sicherheitsrat (NSC) befürchtete, daß dies zu einer landesweiten Panik führen könnte. Die Vereinigten Staaten waren zu dieser Zeit in einige sensitive Projekte involviert. Man war der Ansicht, daß es die Zukunft des Raumfahrtprogrammes der Vereinigten Staaten gefährde, wenn die Öffentlichkeit von diesen Projekten erführe. Deshalb beschloß man, die Neugierde der Öffentlichkeit mit einer unabhängigen wissenschaftlichen Untersuchung zu befriedigen. Die letzte offizielle Untersuchung des UFO-Phänomens wurde von der Universität von Colorado unter Vertrag mit der Luftwaffe durchgeführt. Die Studie kam zu dem Schluß, daß es keine ausreichenden Daten gäbe, die die Schlußfolgerung erlauben würden, daß UFOs die Sicherheit der Vereinigten Staaten gefährden. Das erlaubte der Luftwaffe, sich offiziell aus der Untersuchung der UFOs zurückzuziehen.

(TS/ORCON) Nachdem die Luftwaffe Project BLUE BOOK im Dezember 1969 offiziell beendete, setzte Project AQUARIUS die Operationen unter Kontrolle des NSC/MJ12 fort. Das NSC war der Ansicht, daß die Untersuchung von UFO-Sichtungen und -Vorfällen besser in Geheimhaltung und ohne Wissen der Öffentlichkeit fortgesetzt werden sollte. Die Begründung für diese Entscheidung lautete: Wenn die Luftwaffe ihre UFO-Untersuchungen fortsetze, könne es sein, daß möglicherweise nichtbefugtes und nichteingewiesenes Personal der Luftwaffe oder zivile Beamte des Verteidigungsministeriums von Project AQUARIUS erfahren könnten. Aus Gründen der Projektsicherheit konnte dies nicht zugelassen werden. Zur Fortsetzung der Untersuchung von UFO-Sichtungen und -Vorfällen wurden Untersucher des CIA/DCD und MJ12 zu allen militärischen und sonstigen Regierungsstellen entsandt, mit dem Auftrag, alle authentischen UFO/IAC-Vorfälle zu sammeln und auszuwerten. Diese Agenten sind derzeit an verschiedenen Stellen in den USA und Kanada tätig. Alle Berichte werden direkt oder indirekt MJ12 zugeleitet. Die Agenten sammeln speziell Berichte von UFO/IAC-Sichtungen und Vorfällen auf oder nahe sensitiver Regierungseinrichtungen, da sie offensichtlich äußerst interessiert an unseren Nuklearwaffen und unserer Kernforschung sind. (BEMERKUNG. Viele wichtige Sichtungen und Vorfälle aus militärischen Quellen ereigneten sich über Atomwaffenbasen. Das Interesse der Außerirdischen an unseren Nuklearwaffen muß

TOP SECRET

EXECUTIVE CORRESPONDENCE

EXECUTIVE BRIEFING

SUBJECT:

PROJECT AQUARIUS (TS)

ATTENTION

THIS DOCUMENT WAS PREPARED BY MJ12. MJ12 IS SOLELY RESPONSIBLE FOR [illegible]

Deckblatt: STRENG GEHEIM - REGIERUNGSKORRESPONDENZ - EINWEISUNG FÜR DEN PRÄSIDENTEN
THEMA: PROJECT AQUARIUS (TOP SECRET)

vergleichen Sie das AFOSI-Memorandum vom 30.11.1980, S.57:
"DIE OFFIZIELLE POLITIK DER US-REGIERUNG UND DIE ERGEBNISSE VON PROJECT AQUARIUS STEHEN NOCH IMMER UNTER STRENGSTER GEHEIMHALTUNG MIT BESCHRÄNKUNG AUF DIE OFFIZIELLEN ND-KANÄLE UND AUSSCHLIESSLICHEM ZUGANG FÜR MJ12."

TOP SECRET

CLASSIFICATION AND RELEASE INSTRUCTIONS

[illegible] The information contained in this document is classified TOP SECRET with [illegible]. Only the originator may release the information. Only MJ12 has access to Project Aquarius. No other government agency, to include the military, has access to the information contained in this briefing. There are only two copies of Project Aquarius and the location is known only to MJ12. This document will be destroyed after the briefing. No notes, photographs, or audio recordings, may be made of this briefing.

TOP SECRET

KLASSIFIKATIONS- UND FREIGABE-ANWEISUNGEN

... NUR MJ12 HAT ZUGANG ZU PROJECT AQUARIUS. KEINE ANDERE REGIERUNGSSTELLE EINSCHLIESSLICH DES MILITÄRS HAT ZUGANG ZU DEN INFORMATIONEN IN DIESEM KURZBERICHT...

TOP SECRET

EXECUTIVE BRIEFING

(TS/ORCON) In Jun 1947, a civilian pilot flying over the Cascade mountains of Washington State observed nine flying discs (later referred to as UFOs). The Commander, Air Technical Intelligence Center of the then Army Air Forces became concerned and ordered an inquiry. This was the beginning of the United States involvement with UFO investigations. In 1947 an aircraft of extraterrestrial origin crashed in the desert of New Mexico. The craft was recovered by the military. Four Alien (non homo-sapiens) bodies were recovered in the wreckage. The Aliens were found to be creatures not related to human beings (Atch 1). In late 1949, another Alien aircraft crashed in the United States and was recovered partially intact by the military. One Alien of extraterrestrial origin survived the crash. The surviving Alien was male and called itself, "EBE". The Alien was thoroughly interrogated by military intelligence personnel at a base in New Mexico. The Alien's language was translated by means of picturegraphs. It was learned the Alien came from a planet in the Zeta Riticuli star system, approximately 40 light years from Earth. EBE lived until Jun 18, 1952, when he died to an unexplained illness. During the time period EBE was alive, he provided valuable information regarding space technology, origins of the Universe, and exobiological matters. Further data is contained in Atch 2.

TOP SECRET

EINWEISUNG FÜR DEN PRÄSIDENTEN:
... ENDE 1949 STÜRZTE IN DEN USA EIN WEITERES AUSSERIRDISCHES FLUGZEUG AB UND WURDE TEILWEISE INTAKT VON DEN STREITKRÄFTEN GEBORGEN. EIN AUSSERIRDISCHER ÜBERLEBTE DEN ABSTURZ...

TOP SECRET

(TS/ORCON) In 1958 the United States recovered a third Alien aircraft from the desert of Utah. The aircraft was in excellent flying condition. The aircraft was apparently abandoned by the Aliens for some unexplainable reason, since no Alien life forms were found in or around the aircraft. The aircraft was considered a technological marvel by United States Scientists. However, the operating instrumentations of the aircraft were so complexed that our scientists could not interrupt their operation. The aircraft was stored in a top security area and analyzed throughout the years by our best aerospace scientists. The United States gained a large volume of technological data from the recovered Alien aircraft. A detailed description and further information regarding the aircraft is explained in Atch 3.

TOP SECR

... 1958 BARGEN DIE VEREINIGTEN STAATEN EIN DRITTES AUSSERIRDISCHES FLUGZEUG IN DER WÜSTE VON UTAH GEBORGEN. DER FLUGKÖRPER WAR IN VORZÜGLICHER VERFASSUNG ... UND WURDE VON DEN U.S.-WISSENSCHAFTLERN ALS TECHNOLOGISCHES WUNDER GEPRIESEN...

TOP SECRET

(TS/ORCON) The recovery of Alien aircrafts lead the United States on an extensive investigative program to determine whether these Aliens posed a direct threat to our national security. In 1947, the newly created Air Force initiated a program to investigate incidents involving UFOs. The program was operated under three different code names; Grudge, Sign and finally Blue Book. The original mission of the Air Force program was to collect and analyze all reported sightings or incidents involving UFOs and determine whether the information could be interrupted as having any bearing on the security of the United States. Some information was evaluated with the idea of using the gained data to advance our own space technology and future space programs. 90 percent of the estimated 12,000 reports analyzed by the Air Force, were considered hoaxes, explained aerial phenomenas or natural astronmical objects. The other 10 percent were considered legitimate Alien sightings and/or incidents. However, not all UFO sightings or incidents were reported under the Air Force program. In 1953, Project Gleem was initiated by order of President Eisenhower, who believed the UFOs presented a threat to the national security of the United States. Project Gleem, which became Project Aquarius in 1966, was a parallel reporting system for UFO sightings and incidents. Reports collected under Project Aquarius were considered actual sightings of Alien aircraft or contacts with Alien Life Forms. Most reports were made by reliable [illegible] defense department civilian personnel.

... PROJECT GLEEM, DAS 1966 IN PROJECT AQUARIUS UMBENANNT WURDE, WAR EIN PARALLELES MELDESYSTEM FÜR UFO-SICHTUNGEN UND -VORFÄLLE: PROJECT AQUARIUS SAMMELTE FÄLLE, DIE ALS ECHTE SICHTUNGEN AUSSERIRDISCHER FLUGKÖRPER ODER KONTAKTE MIT AUSSERIRDISCHEN LEBENSFORMEN ANGESEHEN WURDEN, DIE VON ZUVERLÄSSIGEN ZEUGEN GEMELDET WURDEN...

TOP SECRET

[illegible] Several independent scientific investigations, at the request of the Air Force and CIA, were initiated during the era of Project Blue Book. MJ12 decided that officially, the Air Force should end their investigation of UFOs. This decision was arrived at during the MJ12 meeting (Atch 4) in 1966. The reason was twofold. First, the United States had established communication with the Aliens. The United States felt relatively sure the Aliens exploration of earth was non-agressive and non-hostile. It was also established that the Aliens presence did not directly threaten the security of the United States. Secondly, the public was beginning to believe that UFOs were real. The NSC felt this public feeling could lead to a nationwide panic. The United States was involved in several sensitive projects during this time period. It was felt that public awareness of these projects would have jeopardized the future space program of the United States. Therefore, MJ12 decided that an independent scientific study of the UFO phenomena would be needed to satisfy public curiosity. The final official study of the UFO phenomena was accomplished by the University of Colorado under Air Force contract. The study concluded that sufficient data did not exist that would indicate UFOs threatened the security of the United States. The final conclusion satisfied the government and allowed the Air Force to officially step out of the UFO investigating business.

... MAN WAR DER ANSICHT, DASS ES DIE ZUKUNFT DES RAUMFAHRTPROGRAMMES DER VEREINIGTEN STAATEN GEFÄHRDE, WENN DIE ÖFFENTLICHKEIT VON DIESEN PROJEKTEN ERFÜHRE. DESHALB BESCHLOSS MAN, DIE NEUGIERDE DER ÖFFENTLICHKEIT MIT EINER UNABHÄNGIGEN WISSENSCHAFTLICHEN UNTERSUCHUNG ZU BEFRIEDIGEN...

TOP SECRET

(TS/ORCON) When the Air Force officially closed Project Blue Book in Dec 1969, Project Aquarius continued operation under control of NSC/MJ12. The NSC felt investigations of UFO sightings and incidents had to continue in secrecy without any public knowledge. The reasoning behind the decision was this: If the Air Force continued its investigation of UFOs, eventually some uncleared and unbriefed Air Force or defense department civilian officials would obtain the facts behind Project Aquarius. Obviously (for operational security reasons) this could not be allowed. In order to continue the investigation of UFO sightings and incidents in secrecy, investigators from CIA/DCD and MJ12 were assigned to military and other governmental agencies with orders to investigate all legitimate UFO/IAC sightings and incidents. These agents are presently operating at various locations throughout the the United States and Canada. All reports are filtered either directly or indirectly to MJ12. These agents are collecting reports of UFO/IAC sightings and incidents occurring on or near sensitive governmental installations. (TS/ORCON) Aliens have been extremely interested in our nuclear weapons and nuclear research. Many reported military sightings and incidents occur over nuclear weapons bases. The Alien's interest in our nuclear weapons can only be attributed to the future threat of a nuclear war on earth. The Air Force have initiated measures to assure the security of the nuclear weapons from Alien theft or destruction. MJ12 feels confident the Aliens are on an exploration of our solar system for peaceful purposes. However, we must continue to observe and track the Aliens movement until it is determined that the Alien's future plans contain no threat to our national security or the civilization of earth.

TOP SECRE

... VIELE WICHTIGE SICHTUNGEN UND VORFÄLLE ... EREIGNETEN SICH ÜBER ATOMBASEN. DAS INTERESSE DER AUSSERIRDISCHEN AN UNSEREN NUKLEARWAFFEN MUSS ZURÜCKGEFÜHRT WERDEN AUF DIE GEFAHR EINES ZUKÜNFTIGEN ATOMKRIEGES AUF DER ERDE. DIE LUFTWAFFE HAT BEREITS UNTERSUCHUNGEN ANGESTELLT, UM DIE SICHERHEIT DER ATOMWAFFEN VOR AUSSERIRDISCHEM DIEBSTAHL UND ZERSTÖRUNG GARANTIEREN ZU KÖNNEN...

TOP SECRET

(TS/ORCON) In the 1976 MJ3 report (Atch 6), it was estimated the Alien's technology was many thousands of years ahead of United States technology. Our scientists speculate that until our technology develops to a level equal to the Aliens, we cannot understand the large volume of scientific information the United States has already gained from the Aliens. This advancement of United States Technology may take many hundred of years.

... WIRD GESCHÄTZT, DASS DIE TECHNOLOGIE DER AUSSERIRDISCHEN DER DER VEREINIGTEN STAATEN UM VIELE TAUSEND JAHRE VORAUS IST...

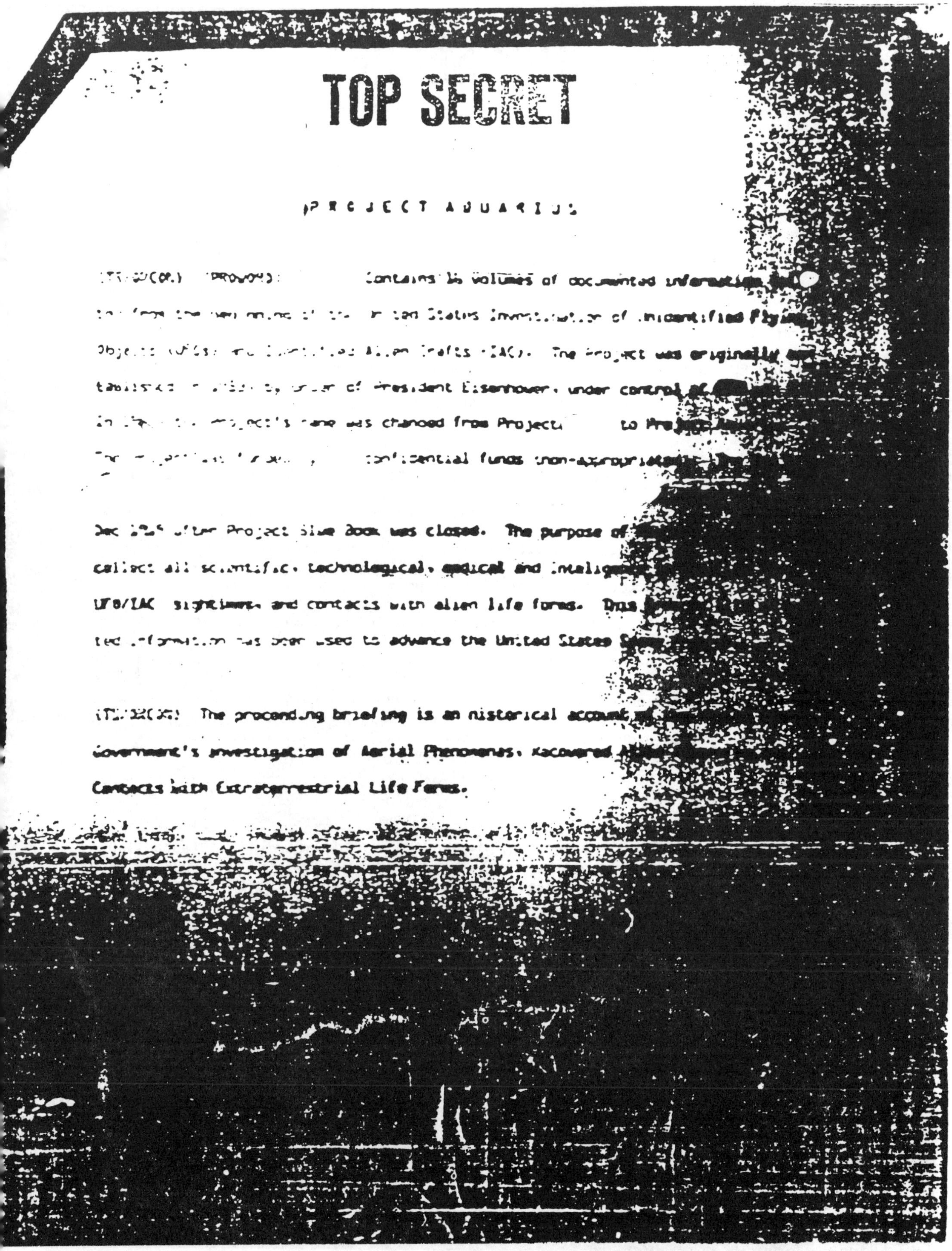

TOP SECRET

PROJECT AQUARIUS

(TS/ORCON) (PROVOKS): Contains 16 volumes of documented information [illegible] from the beginning of the United States Investigation of Unidentified Flying Objects (UFOs) and Identified Alien Crafts (IAC). The Project was originally established [illegible] by order of President Eisenhower, under control of [illegible] In [illegible] the project's name was changed from Project [illegible] to Project [illegible] [illegible] confidential funds (non-appropriated) [illegible]

Dec [illegible] after Project Blue Book was closed. The purpose of [illegible] collect all scientific, technological, medical and intelligence [illegible] UFO/IAC sightings and contacts with alien life forms. This [illegible] ted information has been used to advance the United States [illegible]

(TS/ORCON) The proceeding briefing is an historical account [illegible] Government's investigation of Aerial Phenomenas, Recovered [illegible] Contacts with Extraterrestrial Life Forms.

PROJECT AQUARIUS: ... SEIN ZIEL IST DIE ZUSAMMENSTELLUNG ALLER WISSENSCHAFTLICHEN, TECHNOLOGISCHEN, MEDIZINISCHEN UND NACHRICHTENDIENSTLICHEN INFORMATIONEN ÜBER UFO/IAC-SICHTUNGEN UND KONTAKTE MIT AUSSERIRDISCHEN LEBENSFORMEN. DIESE INFORMATIONEN WERDEN FÜR DAS RAUMFAHRTPROGRAMM DER VEREINIGTEN STAATEN BENUTZT...

TOP SECRET

SUB PROJECTS UNDER PROJECT AQUARIUS

1.(TS/ORCON) PROJECT BANDO: (PROWORD: RISK) Originally established in 1949. Its mission was to collect and evaluate medical information from the surviving Aliens creature and the recovered Alien bodies. This Project medically examined EBE and provided United States medical researchers with certain answers to the evolution theory. (OPR: CIA) (Terminated in 1974).

2.(TS/ORCON) PROJECT SIGMA: (PROWORD: MIDNIGHT). Originally established as part of Project Gleem in 1954. Became a separate project in 1976. Its mission was to establish communication with Aliens. This Project met with positive sucess when in 1959, the United States established primitive communications with the Aliens. On April 25, 1964, a USAF intelligence Officer met two Aliens at a prearranged location in the desert of New Mexico. The contact lasted for approximately three hours. Based on the Alien's language given to us by EBE, the Air Force officer managed to exchange basic information with the two Aliens (Atch 2). This project is continuing at an Air Force base in New Mexico. (OPR: MJ12/NSA)

3.(TS/ORCON) PROJECT SNOWBIRD: (PROWORD: CETUS) Originally established in 1972. Its mission was to test fly a recovered [illegible] aircraft. This project is continuing in Nevada. (OPR: USAF/NASA/CIA/[illegible])

4.(TS/ORCON) PROJECT POUNCE: (PROWORD: [illegible]) Originally established in [illegible]. Its mission was to evaluate [illegible] information pertaining to space technology. [illegible]

TOP SECRET

UNTERPROJEKTE UNTER PROJECT AQUARIUS:

PROJECT PANDO: ... SAMMLUNG MEDIZINISCHER INFORMATIONEN VON E.T.-LEICHEN
PROJECT SIGMA: ... DIE HERSTELLUNG EINER KOMMUNIKATION MIT DEN FREMDEN...
PROJECT SNOWBIRD: ... DER TESTFLUG EINES GEBORGENEN AUSSERIRDISCHEN FLUGZEU
PROJECT POUNCE: ... AUSWERTUNG ALLER UFO-INFORMATIONEN ÜBER RAUMFAHRT-TECHNOLOGIE...

zurückgeführt werden auf die Gefahr eines zukünftigen Atomkrieges auf der Erde. Die Luftwaffe hat bereits Untersuchungen angestellt, um die Sicherheit der Nuklearwaffen vor außerirdischem Diebstahl und Zerstörung garantieren zu können.) MJ12 ist sich sicher, daß die Außerirdischen unser Sonnensystem in friedlicher Mission erforschen. Dennoch müssen wir auch weiterhin die Bewegungen der Außerirdischen beobachten und verfolgen, bis mit Sicherheit gesagt werden kann, daß die zukünftigen Vorhaben der Außerirdischen keine Gefahr oder Bedrohung für die Zivilisation der Erde darstellen.

(TS/ORCON) Im MJ3-Bericht von 1976 (Anhang 6) wird geschätzt, daß die Technologie der Außerirdischen der der Vereinigten Staaten um viele tausend Jahre voraus ist. Unsere Wissenschaftler nehmen an, daß wir einen Großteil der wissenschaftlichen Informationen, die wir von den Außerirdischen bereits erhielten, erst verstehen können, wenn wir unsere Technologie auf einer Ebene entwickelt haben, die der der Außerirdischen entspricht. Dieser Fortschritt der Technologie der Vereinigten Staaten mag einige hundert Jahre benötigen.

PROJECT AQUARIUS

(TS/ORCON) Enthält 16 Akten dokumentierter Informationen, die durch Auswertung der Untersuchungen Unidentifizierter Flugobjekte (UFOs) oder Identifizierter Außerirdischer Raumschiffe (Identified Alien Craft - IAC) durch die Vereinigten Staaten gesammelt wurden. Das Projekt wurde ursprünglich 1953 auf Anweisung von Präsident EISENHOWER eingerichtet, unter Kontrolle von MJ12. Der Name des Projektes wurde 1966 von Project GLEEM zu Project AQUARIUS geändert. Es wurde finanziert durch vertrauliche, nicht-zu-bewilligende Etats. Sein Ziel ist die Zusammenstellung aller wissenschaftlichen, technologischen, medizinischen und nachrichtendienstlichen Informationen über UFO/IAC-Sichtungen und Kontakte mit außerirdischen Lebensformen. Diese Informationen werden für das Raumfahrtprogramm der Vereinigten Staaten benutzt.

(TS/ORCON) Die folgende Zusammenstellung ist ein historischer Bericht der Untersuchung der Luftphänomene durch die Regierung der Vereinigten Staaten, der geborgenen fremden Raumschiffe und der Kontakte mit Außerirdischen Lebensformen.

UNTERPROJEKTE VON PROJECT AQUARIUS

1. (TS/ORCON) PROJECT PANDO (PASSWORT: RISK): Ursprünglich 1949 ins Leben gerufen. Seine Aufgabe war die Sammlung und Auswertung medizinischer Informationen von dem überlebenden Außerirdischen und den geborgenen außerirdischen Leichen. Dieses Projekt unterzog EBE medizinischen Untersuchungen und lieferte den Biologen der Vereinigten Staaten gewisse Antworten auf die Frage nach der Evolution. (OPR: CIA - beendet 1974)

2. (TS/ORCON) PROJECT SIGMA (PASSWORT: MIDNIGHT): Ursprünglich 1954 als Teil von Project GLEEM eingerichtet. Wurde 1976 zum eigenständigen Projekt. Seine Aufgabe war die Kontaktaufnahme mit den Außerirdischen. Das Programm hatte Erfolg, als die Vereinigten Staaten 1959 eine primitive Kommunikation mit den Außerirdischen zustandebrachten. Am 25. April 1964 traf ein US-Nachrichtendienstoffizier zwei Außerirdische an einer vorbereiteten Stelle in der Wüste von New Mexico. Der Kontakt dauerte etwa drei Stunden. Auf der Grundlage der Informationen über die außerirdische Sprache, die uns EBE gegeben hatte, konnte der Luftwaffenoffizier grundlegende Informationen mit den beiden Außerirdischen austauschen (Anhang 7). Das Projekt wird derzeit auf einer Luftwaffenbasis in New Mexico fortgeführt. (OPR. MJ12/NSA)

3. (TS/ORCON) PROJECT SNOWBIRD (PASSWORT: CETUS): Ursprünglich 1972 eingerichtet. Seine Aufgabe war der Testflug eines geborgenen außerirdischen Flugzeuges. Dieses Projekt wird in Nevada fortgesetzt. (OPR: USAF/NASA/CIA/MJ12)

4. (TS/ORCON) PROJECT POUNCE (PASSWORT: DIXIE): Ursprünglich 1949 eingerichtet. Seine Aufgabe war die Auswertung aller UFO/IAC-Informationen über Raumfahrttechnologie. Project POUNCE wird fortgeführt. (OPR: NASA/USAF)"

THE UFO HYPOTHESIS AND QUESTION OF SURVIVAL

[redacted] DRAFT.

1968

1/ ALL UFO's ARE HOAXES: In one three month period in 1953(June, July and August) Air Force records show 35 sightings whose nature could not be determined. - If UFO's, contrary to all indications and expectations, are indeed hoaxes - hoaxes of a world wide dimension - hoaxes in increasing freouency,- then a human mental aberration of alarming proportions would appear to be developing. Such an aberration would seem to have serious implications for nations eouipped with nuclear toys - and should reouire and careful study by scientists.

2/ ALL UFO's ARE HALLUCINATIONS: People, of course do hallucinate. Although groups of people hallucinating in rare, it has been known to happen. But considerable number of instances exist in which there are groups of people and a radar or radars seeing the same thing at the same time. The sum of such evidence seems to argue strongly against all UFO's being hallucinations.

3/ ALL UFO's ARE NATURAL PHENOMENA: If this hypothesis is correct the capability of air warning systems to correctly diagnose an attack situation is open to serious question.

4/ SOME UFO's ARE SECRET EARTH PROJECTS: The above referenced U.S. Air Force reentry vehicle and an often publicized Canadian "saucer" project leave little doubt as to the validity of this hypothesis. Undoubtedly, all UFO's should be carefully scrutinized to ferret-out such enemy (or "friendly") projects. Otherwise a nation faces the very strong possibility of being intimidated by a new secret "doomsday" weapon.

5/ SOME UFO's ARE RELATED TO EXTRA-TERRESTRIAL INTELLIGENCE: According to some eminent scientists this hypothesis can not be disregarded. This hypothesis has a number of far-reaching human survival implications:

a/ Human history has shown us time and again the tragic results of a confrontation between a technologically superior civilization and a technologically inferior people. The "inferior" is usually subject to physical conquest.

b/ In confrontation between two peoples of significantly different cultural levels, those having the inferior or less virile culture, most often suffer a tragic loss of identity and are usually absorbed by the other people.

6/ COMMENT: Investigation would become an intensive emergency action to isolate the threat and to determine it's precise nature. It would be geared to developing adequate defensive measures in a minimum amount of time.

It would seem a little more of this survival attitude is called for in dealing with the UFO problem.

NSA: Es geht um die Überlebensfrage

Die Gründe für die massive Geheimhaltungspolitik der US-Regierung -und damit auch der NATO- in Sachen UFOs sind offensichtlich:

1952: UFOs über dem Kapitol in Washington

- Wie aus dem PROJECT AQUARIUS-Dokument und dem MAJESTIC 12-Bericht hervorgeht, haben die Amerikaner versucht, auf der Grundlage der Ergebnisse ihrer Untersuchungen der UFO-Wracks "Untertassen" nachzubauen oder zumindest UFO-Technologien in ihre Waffenentwicklung einfließen zu lassen.
  Schon die Zusammensetzung der MAJESTIC 12-Operation -Top-Wissenschaftler, die an streng geheimen Regierungsprojekten, speziell an der Entwicklung der Atombombe beteiligt waren und ranghohe Militärs- belegt die militärische Brisanz dieser Funde. Daß die UFO-Angelegenheit 1950 zwei Punkte höher klassifiziert war als die streng geheime Wasserstoffbombe -von der die Weltöffentlichkeit erst 1952 erfuhr- deutet ebenfalls darauf hin, daß man sich durch ein Studium der UFOs Zugang zu einer Weltraumtechnologie erhoffte.
- Weiter bedeutet das Auftreten der UFOs für die Militärs ein "unerlaubtes Eindringen in den Luftraum". Da die Luftraumüberwachung dieser Invasion hilflos gegenüberstand, selbst modernste Abfangjäger nicht in der Lage waren, die UFOs zur Landung zu zwingen, wäre ihre Anerkennung gleichermaßen ein Bekenntnis der Unzulänglichkeit gewesen.
- Solange die Intention der Fremden nicht bekannt war, bestand die Gefahr, daß die Angst vor einer außerirdischen Invasion bei der Bevölkerung eine Panik auslöst.
- Und ein friedlicher Kontakt mit einer überlegenen Zivilisation wäre das Ende aller irdischen politischen und militärischen Autoritäten, die um die Vormachtsstellung auf diesem Planeten streiten - Gesellschaftssysteme und nationale Grenzen würden fallen - eine verheerende Vorstellung für jene, deren Lebensgrundlage dieses System ist...

Mit dieser Problematik befaßt sich eine Analyse des supergeheimen "NATIONALEN SICHERHEITSDIENSTES" NSA zum Thema "UFO-Hypothesen und die Überlebensfrage" aus dem Jahre 1968. Hier ist sogar von einem möglichen "Notstand" und "angemessenen Verteidigungsmaßnahmen" die Rede:

"5. EINIGE UFOS BEZIEHEN SICH AUF AUSSERIRDISCHE INTELLIGENZEN: NACH ANSICHT EINIGER BEDEUTENDER WISSENSCHAFTLER KANN DIESE HYPOTHESE NICHT ZURÜCKGEWIESEN WERDEN. SIE BEINHALTET EINIGE WEITREICHENDE IMPLIKATIONEN IN DER FRAGE NACH DEM ÜBERLEBEN DER MENSCHHEIT:
a/ DIE GESCHICHTE DER MENSCHHEIT HAT UNS IMMER WIEDER DIE TRAGISCHEN RESULTATE DER KONFRONTATION ZWISCHEN EINER TECHNOLOGISCH ÜBERLEGENEN UND EINER TECHNOLOGISCH UNTERLEGENEN ZIVILISATION GEZEIGT. DIE 'UNTERLEGENE' KULTUR IST GEWÖHNLICH OPFER EINER EROBERUNG.
b/ BEI DER KONFRONTATION ZWEIER VÖLKER MIT DEUTLICH UNTERSCHIEDLICHEM KULTURNIVEAU ERLEIDET MEIST JENES MIT DER UNTERLEGENEN ODER SCHWÄCHEREN KULTUR EINEN TRAGISCHEN VERLUST SEINER IDENTITÄT, UND ES WIRD MEIST SCHLIESSLICH VON DEM ANDEREN VOLK ABSORBIERT.

6. KOMMENTAR: UNSERE UNTERSUCHUNGEN KÖNNTEN ZU EINER VERSTÄRKTEN NOTSTANDSMASSNAHME WERDEN, UM DIE GEFAHR ZU ISOLIEREN UND IHRE PRÄZISE NATUR ZU BESTIMMEN. ES WÄRE NOTWENDIG, IN EINEM KURZEN ZEITRAUM ANGEMESSENE VERTEIDIGUNGSMASSNAHMEN ZU ENTWICKELN. ES SCHEINT SO, ALS ERFORDERTEN DIESE ÜBERLEBENSFRAGEN IN BEZUG AUF DAS UFO-PROBLEM EIN WENIG MEHR BEACHTUNG."

UFOs: Freund oder Feind?

Es ist nur zu offensichtlich, daß uns von den UFOs keine Gefahr droht. Hätten diese außerirdischen Besucher vor, uns zu erobern, hätten sie längst die Gelegenheit dazu gehabt - zu einer Zeit, als die irdischen Waffensysteme noch weit weniger entwickelt waren als heute. Tatsächlich aber gibt es -einige Fälle von "Notwehr" gegen angreifende Abfangjäger, Militärs und Zivilisten einmal ausgenommen- in der 42-jährigen UFO-Geschichte nicht einen Hinweis auf eine Aggression gegen Erdenmenschen.

Fragen wir nach ihrer Intention, so deutet ihr offensichtliches Interesse für Atomwaffenarsenale und -versuchsgelände darauf hin, daß ihr Kommen etwas mit dem Eintritt der Menschheit in das Atomzeitalter zu tun hat. So wird es auch kein Zufall sein, daß die erste massive "UFO-Welle" 1947 einsetzte - 2 Jahre nach den ersten Atombombenversuchen.

Seit 1952 begegneten tausende Zivilisten UFOs und Außerirdischen. Wir möchten drei Fälle aus drei Ländern herausgreifen, die uns Aufschluß über die Intention der Fremden geben könnten.

13. August 1975, Holloman-Luftwaffenbasis New Mexico/USA

Sergeant CHARLES L. MOODY, ein Veteran aus dem Vietnam-Krieg und seit 14 Jahren Luftwaffenangehöriger, sieht ein 18 Meter breites, metallisches, scheibenförmiges Objekt auf sich zufliegen. Lichter und Motor seines Wagens fallen aus. Zehn Meter von ihm entfernt bleibt das UFO in der Luft hängen. MOODY hört noch einen schrillen Summton, sieht ein längliches Fenster und dahinter menschliche Gestalten - und wird bewußtlos. 90 Minuten später kommt er wieder zu sich - und sieht das UFO am Horizont verschwinden.
Durch Selbsthypnose erinnert er sich, was in dieser Zeit geschah. 1,50 Meter große, humanoide Wesen mit übergroßen Köpfen kamen auf ihn zu, brachten ihn in das Schiff, legten ihn auf einen Tisch, der an einen OP-Tisch erinnerte. Mit einem Stab, so erklärten sie, heilten sie seinen Rücken. Auf seinen Wunsch führten sie ihn in den Maschinenraum des Schiffes. Dort erklärte ihm der Anführer der Fremden:

"ES IST NICHT NUR EINE AUSSERIRDISCHE RASSE, DIE UNS BESUCHT; ES SIND VERSCHIEDENE RASSEN, DIE FREUNDSCHAFTLICH ZUSAMMENARBEITEN, OBWOHL IHRE PLANETEN LICHTJAHRE VONEINANDER ENTFERNT SIND. SIE BESUCHEN UNS, UM UNSEREN PLANETEN ZU STUDIEREN. SIE KOMMEN IN FRIEDLICHER ABSICHT. ES IST NICHT UNSER PROBLEM, SIE ZU AKZEPTIEREN, ES IST IHR PROBLEM, UNS ZU AKZEPTIEREN."

12. Dezember 1978, Burghausen-Neuötting, Bayern/Bundesrepublik Deutschland

Die Anwaltssekretärin ADELE HOLZER sieht auf der Fahrt zum Arbeitsplatz eine fliegende Scheibe in der Morgensonne aufblitzen, fährt auf einen Parkplatz, um sie näher zu betrachten. Das UFO kommt angeflogen, schwebt über einer Baumgruppe neben dem Parkplatz. Das UFO ist kuppelförmig, hat kreisrunde Luken. Plötzlich schießen grüne Strahlen aus dem UFO, hüllen die faszinierte Zeugin ein. Sie empfängt telepathisch die Mitteilung:

"HAB KEINE ANGST, WIR KOMMEN IN FRIEDLICHER ABSICHT. WIR SIND HIER, UM EUCH ZU BEOBACHTEN UND EUCH VOR UNGLÜCK ZU BEWAHREN. WIR WOLLEN VERHINDERN, DASS IHR EURE ERDE ZERSTÖRT."

Als sie wieder zu sich kommt, sieht Frau HOLZER, daß ihr Autoschlüssel in der Strahlung verbogen und ihre Armbanduhr stehengeblieben ist.

"Hieroglyphen" im Bad des Kontakt-Zeugen nach dem Besuch der A.I.

4. Juli 1989, Tblissi, Georgien/UdSSR

Auf der Fahrt durch einen Tunnel wird David (27) bewußtlos, findet sich wieder in seinem Bett, erinnert sich noch schemenhaft daran, in ein UFO gebracht und dort untersucht worden zu sein. Er geht ins Bad. Im Bad erlebt er, das sich die Tür öffnet, humanoide Außerirdische vor ihm stehen, ihn fragen: "Wie fühlst Du Dich nach unserem ersten Kontakt?". Als er von Schlafstörungen spricht, streicht ihn einer der beiden A.I. an seinem Hals entlang. David wird wieder bewußtlos. Als er erwacht, bemerkt er eine verheilte, 12 cm lange Narbe an seinem Hals, die 5 Stunden später wieder verschwindet. Auf seinem Autositz findet er drei Termine und Orte für die nächsten Kontakte. Seitdem haben die Außerirdischen auf Davids Vermittlung hin viele Bewohner von Tblissi geheilt. Ihre Botschaft:

"IHR SEID MOMENTAN IN GROSSER GEFAHR. EUCH DROHEN NATURKATASTROPHEN, DIE IHR SELBST VERURSACHT HABT. ABER WIR SIND HIER, UM EUCH ZU HELFEN. WIR HABEN GENUG INFORMATIONEN UND KRAFT GESAMMELT, UM ZU VERHINDERN, DASS DIESE KATASTROPHEN STATTFINDEN."

Als Beweis erhielt David ein metallisches Objekt, das derzeit von der Sowjet. Akademie der Wissenschaften untersucht wird. Außerdem fand man an einem Landeplatz eine seltsame Flüssigkeit. Die Bäume waren in einer "Zuflugschneise" verkohlt.

DER KONTAKT MIT AUSSERIRDISCHEN KÖNNTE DIE GRÖSSTE CHANCE SEIN, DIE DER MENSCHHEIT JE GEGEBEN WURDE - ES IST JETZT AN UNS- DIESE GELEGENHEIT WAHRZUNEHMEN!

BEREITS 1976, als die amerikanische Raumfahrtbehörde NASA unter Beteiligung führender Wissenschaftler wie Dr. Ichtiaque RASOOL, Dr. John BILLINGHAM und dem amerikanischen Star-Astronomen Dr. Carl SAGAN das Projekt SETI - (Search forExtraterrestrial Intelligence) "SUCHE NACH AUSSERIRDISCHEN INTELLIGENZEN" ins Leben rief, verkündete sie stolz:

"WIR GLAUBEN, DASS ES ANDERE PLANETEN GIBT, DIE BEREITS MITEINANDER KOMMUNIZIEREN. UNSER TRAUM IST ES, DIE ERDE ZU EINEM TEIL DIESES INTERSTELLAREN KOMMUNIKATIONSNETZWERKES ZU MACHEN. DAS IST EIN TRAUM - ABER WIR WERDEN DARAN ARBEITEN, IHN WAHRWERDEN ZU LASSEN. (...)

WENN WIR IN KONTAKT KOMMEN --MÖGLICHERWEISE INNERHALB DER NÄCHSTEN 15 JAHRE-- WÄRE DIES DER GRÖSSTE DURCHBRUCH IN DER GESCHICHTE DER MENSCHHEIT. DIESE FORTGESCHRITTENEN ZIVILISATIONEN KÖNNTEN UNS HELFEN, PROBLEME WIE KRANKHEITEN, UMWELTVERSCHMUTZUNG, NAHRUNGSMITTEL- UND ENERGIEKNAPPHEIT UND NATURKATASTROPHEN ZU LÖSEN."

Diese "fortgeschrittenen Zivilisationen" sind bereits hier, bereit, uns bei der Lösung unserer globalen Probleme zu helfen. Es ist jetzt an uns, die Kommunikation zu eröffnen

For the first time ever, the U.S. government has officially admitted it believes there's intelligent life in outer space — and it's aiming to make America the first nation to contact these alien civilizations.

Dr. Ichtiaque Rasool of the National Aeronautics and Space Administration (NASA) said the study is the first official government investigation to design equipment for detecting life in outer space.

"This study is of major importance. It's the first step toward actually contacting extraterrestrial life," he declared.

"We feel there are other planets already communicating with one another. Our dream is to make Earth a part of that interstellar communication network. It's a dream we're determined to make come true."

To reach this incredible goal, our government has set up a crack study team of 12 top scientists — who are working to design amazingly sensitive equipment capable of picking up signals from other worlds.

"When we make contact — possibly within the next 15 years — it'll be the biggest breakthrough in the history of mankind. These advanced civilizations could help us conquer problems like disease, pollution, food and energy shortages, and natural disasters."

7. INTERNATIONALER WELTKONGRESS DER UFO-FORSCHER IN MAINZ 1967

1967: Die Mainzer UFO-Resolution

Am 5. November 1967 verabschiedeten die 800 Besucher sowie Delegierte aus 24 Nationen auf dem von der "Deutschen UFO-Studiengesellschaft" (DUIST) e.V. veranstalteten "7. Internationalen Kongreß der UFO-Forscher" unter Vorsitz des "Vaters der Weltraumfahrt", Professor Dr.h.c. Hermann OBERTH, DUIST-Präsident Karl L. VEIT und des Direktors des "Intercontinental UFO Research and Analytic Network" (ICUFON) Inc., New York, Major i.R. Colman VonKEVICZKY die "Mainzer UFO-Resolution". Der von Referenten und Delegierten einmütig unterschriebene Beschluß ging an 131 Regierungen der Erde sowie an den damaligen UNO-Generalsekretär U THANT.

"DER 7. INTERNATIONALE UFO-KONGRESS STELLT EINMÜTIG FEST UND ERKLÄRT, DASS DIE FRAGE DER UNIDENTIFIZIERTEN FLIEGENDEN OBJEKTE (UFOS) WIE DER IDENTIFIZIERTEN RAUMFAHRZEUGE (IFOS) EINE LEBENSWICHTIGE UND LÄNGST FÄLLIGE WELTWEITE AUFGABE FÜR DIE GESAMTE MENSCHHEIT DARSTELLT UND DASS ALLE NATIONEN SICH ZU FRIEDLICHER UND GEMEINSCHAFTLICHER ZUSAMMENARBEIT VEREINIGEN MÜSSEN, UM DIESE AUFGABE ZUR ALLGEMEINEN ZUFRIEDENHEIT ZU UNTERSUCHEN UND ZU LÖSEN."

Dieser Beschluß ergeht*) an:

131 rechtmäßige Regierungen der Erde;
Seine Exzellenz, Herrn Generalsekretär der Vereinten Nationen, U Thant;
die Vollversammlung der Vereinten Nationen;
die UNESCO (UN-Organisation für Erziehung, Wissenschaft und Kultur);
die Gesandten der UN-Missionen und -Beobachter;
Seine Exzellenz, Dr. Kurt Waldheim, österreichischer Gesandter bei der UNO und Vorsitzender des Ausschusses für Weltraumangelegenheiten;
die Vertreter der Presse, der Rundfunk- und Fernsehanstalten.

Beschluß

Der 7. Internationale UFO-Kongreß stellt einmütig fest und erklärt, daß die Frage der Unidentifizierten Fliegenden Objekte (UFOs) wie der Identifizierten Raumfahrzeuge (IFOs) eine lebenswichtige und längst fällige weltweite Aufgabe für die gesamte Erde darstellt und daß alle Nationen sich zu friedlicher und gemeinschaftlicher Zusammenarbeit vereinigen müssen, um diese Aufgabe zur allgemeinen Zufriedenheit zu untersuchen und zu lösen.

TEIL A: DIE GLOBALE AUFGABE

1.
Seit zwei Jahrzehnten identifizieren Regierungen, Staatsmänner und die führenden Wissenschaftler der Welt die UFOs in ihren physischen Erscheinungsformen als Luftfahrzeuge, die „nicht von irdischen Ländern gebaut" wurden, sondern aus dem Weltraum, von Himmelskörpern stammen. Diese Feststellung wird hauptsächlich durch die Vereinten Nationen gestützt, wo allerdings nicht eine einzige der üblichen Protestnoten eingereicht wurde in bezug auf UFOs als bekannte oder unbekannte Macht, die die territoriale Souveränität mehrerer Länder gefährdete.

1a.
Es ist eine bedauerliche Tatsache, daß während dieses Zeitraumes der ängstlichen Weltbevölkerung keine offizielle Erklärung über diese außerirdischen Raumschiffe abgegeben wurde.

2.
Während der letzten Jahre — gleichzeitig mit unserer Raumforschung — ergab sich aus der erschreckenden Zunahme der UFO-Erkundungstätigkeit, verbunden mit Probelandungen auf der Erdoberfläche, eine gefährliche Falschunterrichtung und Panikstimmung der Öffentlichkeit vor dem „unbekannten Weltraum", und die „streng vertraulichen Geheimnisse" wuchsen sich schnell zum brennendsten Problem aller Länder aus.

2a.
Die gegenwärtige Situation drängt in beängstigender Weise auf baldige Klärung und wahrheitsgemäße Unterrichtung zur Beruhigung der Völker, bevor es zu spät ist.

3.
Die erwähnten „stillschweigenden Erkundungsaktionen" von seiten des Weltraumes in Form von Beobachtungen, Kontrollen, manchmal sogar Gefährdung der Raum-, Atom- und militärischen Einrichtungen der Länder, der Luft-, Wasser- und Straßennetze, des allgemeinen Nachrichtenverkehrs ohne irgendwelche Anzeichen eines bestimmten Vorhabens oder eines offiziellen Versuches, mit unseren Regierungen in Verbindung zu treten: dieses Verhalten sollte die Absicht kennzeichnen, sich unserer Erde und ihren Ländern eher unfreundlich als wohlgesinnt zu nähern.

3a.
Die weltweite Sicherheit erfordert gebieterisch eine international organisierte Behandlung und wissenschaftliche Begutachtung aller UFO-Beobachtungen zur:
a) gegenseitigen Unterrichtung,
b) offiziellen Kontaktaufnahme mit außerirdischen Besuchern und ihren Planeten,
c) Vorbereitung auf das weltbewegende Ereignis einer etwaigen offiziellen Landung von Planetariern.

4.
Die UFOs und ihre Besatzungen suchen Kontakt mit der Bevölkerung und vermeiden eine Begegnung mit den Streitkräften der Länder.

4a.
Die weltweite Überwachung muß sich grundlegend auf der Bevölkerung aufbauen, in enger Zusammenarbeit mit den Regierungen, Wissenschaftlern und jenen UFO-Forschungspionieren, die seit Jahrzehnten unermüdlich und freiwillig Dienst an der Menschheit tun. Die Erforschung eines globalen Problems zum Wohl der eigenen oder anderen Nationen sollte nicht ausschließliches Recht juristischer oder einzelner Personen sein, die schließlich nur nach Gutdünken bei der Information der hierfür Zuständigen verfahren.

5.
Durch sachkundige Erforschung der UFO- und Kontaktfälle muß ganz klar unterschieden werden zwischen den Tatsachen und den Erdichtungen, da die ersteren dem Wohle der Menschheit dienen, die letzteren jedoch nur Aufregung und Panikstimmung bringen.

6.
Die globale UFO-Forschung muß über allen zeitweiligen Feindseligkeiten zwischen den Ländern stehen sowie über allen Streitigkeiten aus rassischen, religiösen oder politischen Gründen.

Zum Zweck einer staatlichen und wissenschaftlichen Kontrolle der UFO-Tätigkeit und offizieller Kontakte mit Vertretungen außerirdischer Mächte müssen die Länder so bald wie möglich ein „Internationales Institut" schaffen, das genau abgegrenzt und von den Ländern zum exterritorialen Gebiet erklärt wird.

TEIL B: DAS UFO-PROBLEM MIT BEZUG AUF DIE UNO

Die Vertreter der Länder erlauben sich, die Aufmerksamkeit auf die Vereinten Nationen zu richten:

7.

Die Verfassung der Vereinten Nationen fordert — unabhängig von irgendwelchen Gefahren aus dem Weltraum — speziell im Weltraumzeitalter zuallererst die Sicherheit unserer Erde und ihrer drei Milliarden Menschen mit einer hochentwickelten Zivilisation gegen jede Aktion, die im Zusammenhang mit unserer friedlichen Raumforschung steht und unser Leben und unseren Planeten gefährden könnte.

8.

Die Vereinten Nationen müssen verfassungsmäßig mit den höchsten Befugnissen ausgestattet sein, um im Weltraum und auf Himmelskörpern die irdischen Nationen zu vertreten. Astro-Kosmonauten müssen ebenso die Vollmacht zur rechtmäßigen Vertretung der Vollversammlung besitzen.

Der Raum zwischen 80 km (Theodor-von-Karmann-Linie) und 880 km rund um unseren Erdball, der als Ionosphäre bezeichnet wird, sollte zum Weltraum-Hoheitsgebiet unter der Gerichtsbarkeit der Vereinten Nationen erklärt werden — in Übereinstimmung mit der Pariser Luftfahrtkonvention von 1919 und der Internationalen Zivilluftfahrtkonvention in Chicago 1944.

9.

Der Internationale Kongreß nahm mit großer Befriedigung den Brief von Dr. Kurt Waldheim, dem Vorsitzenden des Weltraumausschusses, zur Kenntnis, worin er das Interkontinentale UFO-Netz darüber informiert, daß der Vorschlag, 21 UFO-Wissenschaftler und -Forscher zu der in Wien stattfindenden Weltraum-Konferenz einzuladen, angenommen worden sei, und nach Rücksprache mit dem Sekretariat einzelne Personen im Rahmen der Länderdelegationen eingeladen werden, um die Länderkonferenz über die UFO-Situation zu unterrichten. (Voller Wortlaut des Briefes in UN 122, Oktober 1967.)

10.

Das Interkontinentale UFO-Forschungs- und Auswertungsnetz (ICUFON) dankt aufrichtig im Namen seiner Länder- und Kontinentalvertreter dem „UFO Contact — International Get Acquanted Program", einem hochgeschätzten, zweimonatlich erscheinenden Magazin, das durch den Engländer Ronald Caswell und seinen Mitherausgeber, den dänischen Major Hans Petersen, vertreten wird und die ganze englischsprechende Welt sowie die Vereinten Nationen, die UN-Missionen und Regierungen informiert. Es sicherte sich innerhalb eines kurzen Zeitraumes eine große Verbreitung durch sachkundige Information der maßgebenden Führer der Welt über das weitgespannte Projekt des Interkontinentalen Netzes. Das Interkontinentale UFO-Forschungs- und -Auswertungsnetz dankt schließlich dem deutschen Ehepaar Karl und Anny Veit als Vorkämpfer und internationale Forscher, als Präsident der DUIST, Herausgeber der seit 1956 in 74 Ländern verbreiteten „UFO-Nachrichten" und nicht zuletzt als hervorragender Vertreter des Kontinentalbezirks des ICUFON.

Ich ehre Herrn Karl Veit als meinen ersten Pionier und Kämpfer, der mit seinem Geist die Menschen erleuchtet und das gestrandete UFO-Problem in eine internationale Richtung steuert. Er stand mir bei in der schweren Zeit, als die „großen" nationalen UFO-Forscher jede Zusammenarbeit ablehnten, dieses weltweite Problem auf internationaler Basis zu lösen.

11.

1. Das Interkontinentale UFO-Forschungs- und -Auswertungsnetz reichte am 1. Februar 1966 beim Sekretariat der Vereinten Nationen das erste Memorandum ein, die UFO-Erkundungstätigkeit unter internationale Überwachung zu stellen. Unsere umfangreiche Dokumentation wurde am 12. Mai 1966 von Generalsekretär U Thant und seinem Kabinett mit prompter Aufmerksamkeit und dankbarer Anerkennung gewürdigt.

Unsere Dokumentation beantragte eine gründliche Überprüfung des UFO-Komplexes durch führende Wissenschaftler. Inzwischen hat Generalsekretär U Thant am 5. Juli 1967 den UN-Vertretern eine vorsorgliche Erklärung abgegeben: „UFOs sind neben dem Vietnam-Krieg das wichtigste Problem, dem die UN gegenüberstehen."

(„New York Post" vom 27. Juni 1967, Seite 46, Magazin-Seite 2.)

2. Am 10. Mai 1966 reichten wir beim Sekretariat, beim Ausschuß für Weltraum-Angelegenheiten, bei den akkreditierten UN-Missionen und -Beobachtern den ersten Vorschlag für einen „Internationalen Weltraum-Sicherheitspakt" im Hinblick auf die UFO-Tätigkeit ein (Presse-Mitteilung Nr. 2 vom 27. Juni 1966), von dem drei Artikel durch die UN in den Internationalen Weltraumpakt aufgenommen wurden. Es sind dies:

a) Jede wissenschaftliche und friedliche Forschungsmission im Weltraum geschieht ausschließlich auf eigene Verantwortung und Gefahr des unternehmenden Landes.

b) Astro- und Kosmonauten repräsentieren die Gemeinschaft aller Länder im Weltraum.

c) Alle Erscheinungen, die im Weltraum beobachtet werden, sind dem UN-Sekretariat zwecks Information der Länder zu melden.

12.

Das Interkontinent. UFO-Forschungs- und Auswertungsnetz als nichtgewinnbringende Organisation hat sein „Projekt G" aufgestellt, ein völliges Zusammenwirken der Länder, ihrer UFO-Forscher, Wissenschaftler, Regierungen und der Vereinten Nationen anzustreben innerhalb eines weltweiten, zentral organisierten „Internationalen Forschungs-Institutes", das abgegrenzt und öffentlich zum exterritorialen Gebiet erklärt wird, um

1. die Welt-UFO-Forschung neutral und wissenschaftlich zu überwachen,
2. offizielle Kontakte herbeizuführen zwischen den Vertretern außerirdischer Mächte, die unseren Globus und seinen Umkreis erforschen, und den Vertretungen unserer Länder.

Mit dieser weltweiten Proklamation bittet das Interkontinentale UFO-Forschungs- und Auswertungsnetz mit seinem Hauptsitz in New York 11372 (USA), 35—50 75. Street, Apt. 1 C, Jackson Heights, alle Oberhäupter und Regierungen der Länder, alle Kirchenführer, die staatlichen Streit- und Sicherheitskräfte, wissenschaftliche, Erziehungs-, Kultur- und Sozialeinrichtungen, Finanz-, Industrie-, Handels- und Landwirtschaftsbetriebe, juristische Personen, private Stiftungen, Einzelpersonen, internationale Unternehmen und schließlich die Vereinten Nationen um

moralische, geistige, finanzielle und sonstige Unterstützung und Hilfe

für die Gründung des Internationalen UFO-Forschungs-Institutes. Seien Sie mit Ihrer Gabe eine Stütze der Weltsicherheit für die große, im Raumzeitalter lebende menschliche Familie.

Der Schöpfer des herrlichen Universums einschließlich unseres winzigen irdischen Daseins segne Ihre weitere Tätigkeit und uns alle, die wir an dem hervorragend organisierten 7. Internationalen UFO-Kongreß teilnehmen, der dazu dient, das ernsteste Problem der Menschheit auf dem Wege wissenschaftlicher Forschung voranzutreiben.

Darf ich meinen herzlichen Dank für hervorragende Mitarbeit Herrn und Frau Manfred Landeck, Herrn Ing. Viktor Berghausen und Mr. Anthony Low für Übersetzungen und Dolmetschung aussprechen.

Proklamiert
auf dem 7. Internationalen Weltkongreß der UFO-Forscher
in Mainz vom 3. bis 6. November 1967
am 5. November 1967

Colman VonKeviczky, MMSE,
Direktor des Projekts ICUFON

Im Namen des Vorstandes
KARL L. VEIT, Präsident der DUIST

1978: Ein Astronaut spricht

US-Astronaut Gordon COOPER (GEMINI V) teilte am 9. November 1978 Grenadas UNO-Botschafter GRIFFITH seine Ansichten zum UFO-Problem mit. Er antwortete damit auf die Initiative von Grenadas Staatschef Sir Eric GAIRY, der vor den Vereinten Nationen die Einrichtung einer UNO-Behörde zur Untersuchung des UFO-Phänomens beantragt hatte. GAIRYs Antrag wurde auf Druck der USA abgelehnt. Im April 1979 stürzten von den USA unterstützte linke (!) Rebellen Staatspräsident GAIRY. COOPER unterstützte GAIRYs Antrag und gehörte einem Sonderausschuß zur Beratung von UNO-Generalsekretär Kurt WALDHEIM in der UFO-Frage an. Wir zitieren seinen Brief in vollem Wortlaut:

"Ich möchte Ihnen meine Ansichten über unsere außerirdischen Besucher übermitteln, die volkstümlich als 'UFOs' bezeichnet werden, und darüber, wie eigentlich weiter mit ihnen verfahren werden sollte.

Ich glaube, daß diese außerirdischen Fahrzeuge und ihre Besatzungen, die unseren Planeten besuchen, von anderen Planeten stammen, die offensichtlich technisch ein wenig weiter entwickelt sind als wir hier auf der Erde es sind. Ich denke, daß wir ein koordiniertes Programm auf höchster Ebene benötigen, um wissenschaftliche Daten aus allen Teilen der Welt zu sammeln und auszuwerten und ausfindig zu machen, wie man am besten mit diesen Besuchern auf freundlichem Wege Kontakt aufnehmen könnte. Wir müßten ihnen jedoch zuerst zeigen, daß wir es gelernt haben, unsere eigenen Probleme auf friedvolle Weise zu lösen, und nicht durch Kriege, bevor wir als voll akzeptierte Mitglieder der universalen Gemeinschaft akzeptiert werden. Ihre Anerkennung würde für unsere Welt unerhörte Möglichkeiten eröffnen, sich auf allen Gebieten weiterzuentwickeln. Sicherlich scheint es aus diesem Grunde logisch, daß die Vereinten Nationen Interesse haben sollten, sich rasch und ernsthaft mit diesem Thema zu befassen.

Ich sollte erwähnen, daß ich kein professioneller UFO-Forscher bin. Ich habe bisher weder das Privileg gehabt, ein UFO zu fliegen, noch ich je der Besatzung eines UFOs begegnet. Aber ich glaube, daß ich ein wenig qualifiziert bin, über sie zu diskutieren, weil ich selbst an der Grenze der weiten Räume gewesen bin, in denen sie reisen. Auch hatte ich 1951 die Gelegenheit gehabt, zwei Tage lang zahlreiche Flüge von ihnen zu beobachten, unterschiedliche Grössenordnungen in Jagdformationen, die im allgemeinen von Ost nach West über Europa flogen. Sie befanden sich in weit größeren Höhen, als wir sie damals mit unseren Düsenjägern erreichen konnten.

Ich möchte weiter erwähnen, daß die meisten Astronauten sehr zurückhaltend sind, wenn es darum geht, das UFO-Thema zu diskutieren, da es eine große Anzahl von Leuten gibt, die ohne zu zögern gefälschte Dokumente mit ihrem Namen verkauft haben und dabei ihren Ruf gefährdeten. Die wenigen Astronauten, die ihr Interesse am UFO-Thema bewahrt haben, mußten dabei sehr vorsichtig sein. Es gibt einige von uns, die an UFOs glauben und die Gelegenheit hatten, sie vom Boden oder vom Flugzeug aus zu beobachten. Es gab nur eine Gelegenheit, wo vom Weltraum aus etwas beobachtet wurde, das ein UFO gewesen sein konnte.

Falls sich die Vereinten Nationen entschließen sollten, dieses Projekt zu übernehmen, und der Sache dadurch Glaubwürdigkeit zu verleihen, werden sich vielleicht mehr qualifizierte Fachleute entschließen, an die Öffentlichkeit zu treten und ihre Hilfe und Informationen anzubieten.

Ich freue mich darauf, Sie bald persönlich kennenzulernen.

Ihr ergebener

L. Gordon COOPER
Oberst der US-Luftwaffe
Astronaut"

WED ENTERPRISES • A Division of Buena Vista Distribution Co., Inc., subsidiary of Walt Dis[illegible]

Imagineering

November 9, 1978

Ambassador Griffith
Mission of Grenada to the United Nations
866 Second Avenue
Suite 502
New York, New York 10017

Dear Ambassador Griffith:

I wanted to convey to you my views on our extra-terrestrial visitors popularly referred to as "UFO's", and suggest what might be done to properly deal with them.

I believe that these extra-terrestrial vehicles and their crews are visiting this planet from other planets, which obviously are a little more technically advanced than we are here on earth. I feel that we need to have a top level, coordinated program to scientifically collect and analyze data from all over the earth concerning any type of encounter, and to determine how best to interface with these visitors in a friendly fashion. We may first have to show them that we have learned to resolve our problems by peaceful means, rather than warfare, before we are accepted as fully qualified universal team members. This acceptance would have tremendous possibilities of advancing our world in all areas. Certainly then it would seem that the UN has a vested interest in handling this subject properly and expeditiously.

I should point out that I am not an experienced UFO professional researcher. I have not yet had the privilege of flying a UFO, nor of meeting the crew of one. I do feel that I am somewhat qualified to discuss them since I have been into the fringes of the vast areas in which they travel. Also, I did have occasion in 1951 to have two days of observation of many flights of them, of different sizes, flying in fighter formation, generally from east to west over Europe. They were at a higher altitude than we could reach with our jet fighters of that time.

I would also like to point out that most astronauts are very reluctant to even discuss UFO's due to the great numbers of people who have indescriminately sold fake stories and forged documents abusing their names and reputations without hesitation. Those few astronauts who have continued to have a participation in the UFO field have had to do so very cautiously. There are several of us who do believe in UFO's and who have had occasion to see a UFO on the ground, or from an airplane. There was only one occasion from space which may have been a UFO.

If the UN agrees to pursue this project, and to lend their credibility to it, perhaps many more well qualified people will agree to step forth and provide help and information.

I am looking forward to seeing you soon.

Sincerely,

[signature]

L. Gordon Cooper
Col. USAF (Ret)
Astronaut

LGC:jm

ENTERPRISES • [illegible] HEADQUARTERS • 1401 Flower Street, Glendale, California [illegible]
LAKE BUENA VISTA OFFICE • P.O. Box 40 Lake Buena Vista, Florida 32830 • 828 2271
[illegible] Concepts in Design, Architecture, Engineering and Entertainment — See Disneyland in California [illegible]

NOV 15 1978

Der Film zum Buch

In Vorbereitung: Das Video zum Buch "UFOs: DIE BEWEISE". Die erste deutsche Filmproduktion zum UFO-Thema. UFO-Kontakte in Deutschland, UFO-Filme aus Deutschland und aller Welt. 14 Original UFO-Filme, u.a. das sensationelle Filmmaterial, von dem Sie in diesem Buch lesen konnten. Der APOLLO 11-NASA-Film zweier UFOs im Mondorbit. Die sensationellen Filme von Martin D. aus Hagen/Ruhrgebiet: Zigarrenförmige Raumschiffe bei Tag und bei Nacht, UFO-Flotten in Formationsflug. Der Oldfield-Film, der Neuseeland-Film. Die Wahrheit über abgestürzte "Untertassen". Zeugen sprechen. Der UFO-Absturz in der Kalahari-Wüste 1989. Warum sie kommen. Mit Johannes von Buttlar, Capt. Virgil Armstrong, Lt. Col. ret. USAF Wendelle C. Stevens, Erich von Däniken, Adele Holzer u.v.a. Buch & Regie: Michael Hesemann.

90 min., VHS............ DM 98,--

****

NEU!

Nicht versäumen:
Die zweite große UFO-Dokumentation

Auf 192 Seiten: Die komplette Geschichte der Kontaktaufnahme außerirdischer Intelligenzen mit der Menschheit der Erde...

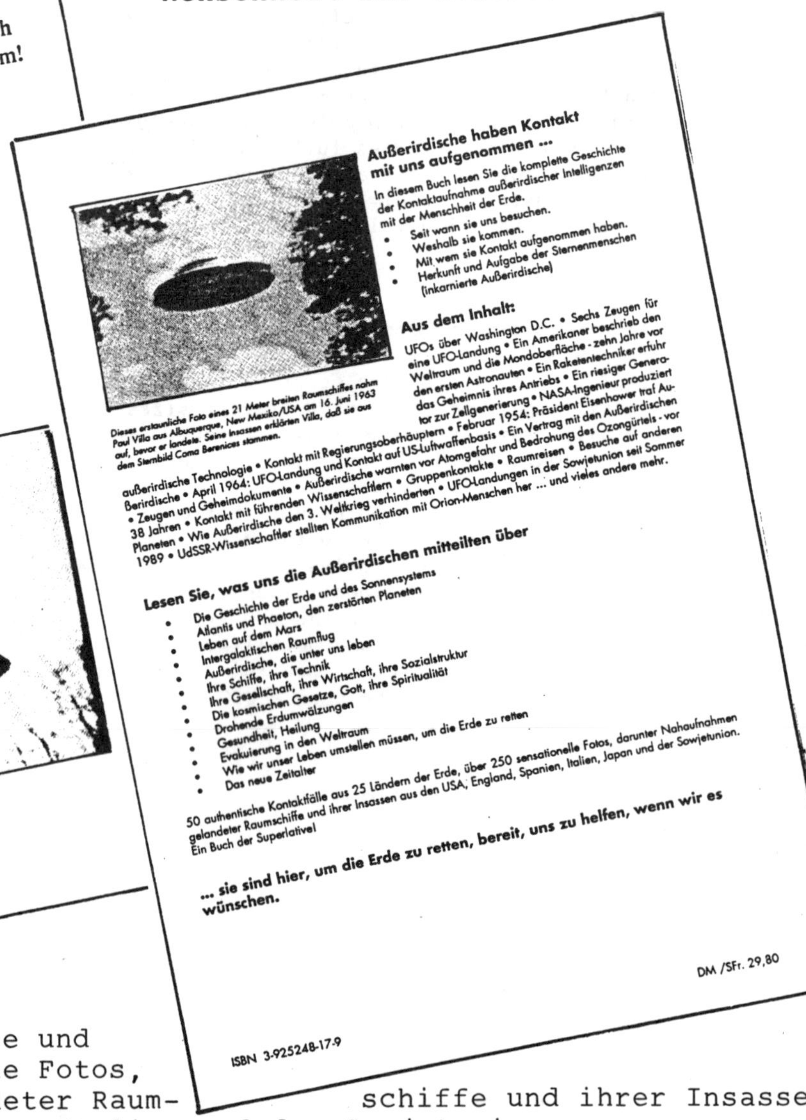

...über 250 sensationelle und teilweise unveröffentlichte Fotos, darunter Nahaufnahmen gelandeter Raumschiffe und ihrer Insasse aus den USA, England, Spanien, Italien und der Sowjetunion...

Großformat, Pb.,.......DM 29,8

Verlag Michael Hesemann, Preysingstraße 11, D-8000 München 80